Katharina Zechlin

Einbetten in Gießharz

Frech-Verlag Stuttgart

Inhalt

Seite

Zum Titelbild

Die Schwinge eines toten Vogels wurde ohne weitere Präparierung in vier Schichten eingebettet, die violette Blüte vor dem Eingießen in Blaugel getrocknet.

Einleitung

Wer hat nicht schon von einem Spaziergang eine hübsche Pflanze, ein zartes Moos, einen toten Käfer oder einen Schmetterling heimgebracht. Auch am Strand gibt es so manches, das wegen seiner Schönheit lohnt, aufbewahrt und oft betrachtet zu werden: Muscheln, Schalen von Taschenkrebsen und Seeigeln. Nur – ungeschützt verstauben und zerbrechen diese Dinge sehr schnell.
Man kann die Schönheit dieser zarten Gebilde erhalten und sogar noch steigern, wenn man sie in glasklaren Kunststoff einbettet. So lassen sie sich mit ihren Feinheiten von allen Seiten betrachten und bilden überdies reizvolle Dekorationsstücke oder praktisch verwertbare Dinge.
Eingießen ist ein sehr reizvolles Hobby – man sollte die Schwierigkeiten dabei allerdings nicht unterschätzen.
„Mal eben so nebenbei" lassen sich nur ganz kleine Teile herstellen. Für ein perfektes, makelloses Gußstück braucht man Erfahrung und Geduld.
Und noch etwas: Einbetten ist eigentlich kein Hobby für Kinder. Jugendliche ab etwa 12 Jahren kommen damit zurecht, man sollte sie aber beaufsichtigen, denn ein Teil der Chemikalien ist nicht ungefährlich. Beachten Sie bitte das Kapitel „Vorsichtsmaßnahmen..." auf Seite 23!
Es versteht sich von selbst, daß man nicht wahllos Tiere töten sollte, um sie einzubetten.

Käfer und Schmetterlinge findet man oft tot auf, außerdem kann man sie bei Insektensammlern erwerben. Und im übrigen gibt es eine Menge anderer Dinge, die eingebettet sehr hübsch aussehen!

Das muß man über Gießharze wissen

Gießharz ist ein Kunststoff, und die genaue Bezeichnung lautet: Ungesättigte Polyesterharze. Im Rohzustand ist das eine leicht gelbliche, sirupartige Flüssigkeit. Gibt man jetzt eine sauerstoffhaltige Paste hinzu, den sogenannten **„Härter“**, wird eine chemische Reaktion eingeleitet, d. h. das Harzgemisch beginnt zu arbeiten. Es erwärmt sich nach einer bestimmten Zeit, wird zunächst geleeartig und härtet dann zu einer festen, durchsichtigen Masse aus.

Diesen Vorgang nennt man **„Polymerisation“.** Ganz einfach gesagt bedeutet dies: viele kleine Teilchen (Moleküle) wimmeln zunächst frei umher und schließen sich zu ganz großen Teilen (Makromolekülen) zusammen. Diese Riesenmoleküle bilden eine fest miteinander verknüpfte, räumlich netzartige Verbindung: der Stoff ist jetzt fest.

Im flüssigen Polyesterharz sind außerdem noch zwei andere Bestandteile vorhanden.
Das Lösungsmittel, in dem die Harzteile schwimmen, heißt **Styrol.** Es ermöglicht erst die Polymerisation der Teilchen, weil es sehr reaktionsfreudig ist. Der andere Bestandteil ist der sogenannte **Beschleuniger.** Er sorgt dafür, daß die Reaktion bei Raumtemperatur und innerhalb eines bestimmten Zeitraums möglich ist. (Dazu siehe Kapitel: „Wissenswertes über schwierige Arbeiten“.)

Durch die Vernetzung rücken die Moleküle enger aneinander, außerdem verdunstet ein kleiner Teil des Lösungsmittels. Das ausgehärtete Harz ist daher ein bißchen weniger im Volumen geworden, es ist geschrumpft.

Das ausgehärtete Polyesterharz läßt sich durch nichts wieder in seinen flüssigen Zustand versetzen. Es bleibt hart. Man nennt dies einen „duroplastischen“ Stoff (lat. durus = fest). Es gibt auch Kunststoffe, die sich durch Wärme wieder erweichen lassen. Sie heißen „Thermoplaste“ (griech. therm = warm).

Das Reagieren des Harzes hängt von der Temperatur ab. Das farblose Harz kann ab 15 Grad verarbeitet werden. Die beste Raumtemperatur ist aber 20 Grad.

Polyesterharz riecht, wenn es flüssig ist, stark nach Leuchtgas. ***Der Geruch ist nicht schädlich, wenn man nicht über 5 kg Harz auf einmal ansetzt*** (was in der Regel nicht vorkommt). Trotzdem sollte man im Arbeitsraum ein Fenster offenhalten. (Dazu siehe auch Kapitel: „Vorsichtsmaßregeln beim Arbeiten mit Polyesterharz“.)

Da das Harz ja zunächst flüssig ist, braucht man immer eine Form, in der es bis zum Erstarren verbleibt. Sie wird danach entfernt. Jeder Kratzer, jede Unebenheit wird vom Harz mit abgedrückt. Daran muß man bei der Auswahl der Form denken. Je glatter die Form, desto glatter ist auch der Guß.

An einigen Stoffen kleben die Polyesterharze stark an, z. B. an Holz. Deshalb sind Formen mit einer glatten, wachsartigen Oberfläche am einfachsten zu handhaben; der Harzblock löst sich hiervon leichter. Solche Formen sind Becher, Schüsseln, Eiswürfelbehälter aus Polyäthylen, die meistens milchweiß gefärbt und biegsam sind. Formen aus Holz, Metall oder Glas müssen mit Wachs oder einem Trennmittel behandelt werden, bevor man sie

Diese flachen Briefbeschwerer kann jeder Anfänger leicht herstellen. Die Form gibt es im Bastelladen zu kaufen oder man benutzt eine flache sogenannte Petrischale aus Glas (Laborbedarf). Eingebettet sind gepreßte Hortensienblüten und ein herbstliches Gingkoblatt. Besonders zart wirkt das Skelett eines Pappelblattes und fast kostbar sieht die eingegossene alte Spitze aus. Bei hellen Stoffen und Spitzen vorher eine Probe machen, manche werden fast ganz durchsichtig.

mit Harz ausgießen kann. (Genaues siehe Kapitel „Verschiedene Gießformen“.)
Unverarbeitete Harze sollen möglichst dunkel und kühl aufbewahrt werden. Die Lagerzeit beträgt bei gutem Material durchschnittlich zwölf Monate.

Die beim Gießen offenliegende, oberste Fläche wird durch den Einfluß des Luftsauerstoffs etwas wellig und klebrig. Sie muß deshalb abgeschliffen oder mit einer Folie abgedeckt werden.

Das ausgehärtete Harz ist robust, ungiftig, verhältnismäßig elastisch, kratzfest und wetterfest. Es ist beständig gegen viele Lösungsmittel. Man kann es, ähnlich wie Holz, mechanisch weiterbearbeiten: bohren, schleifen, sägen, fräsen und polieren.
Polyesterharze können mit speziellen Abtönpasten in jeder beliebigen Farbe sowohl deckend als auch durchsichtig eingefärbt werden. (Genaues siehe Kapitel: „Färben“.)

Für die in diesem Buch gezeigten Modelle wurden Polyesterharze verwendet, die für Bastelzwecke und zum Eingießen besonders geeignet sind: sie lassen sich blasenfrei und in verhältnismäßig dicken Schichten gießen. Die Harze sind lichtstabilisiert, d. h. sie vergilben nicht.

Zwei Typen werden im Bastelladen angeboten: völlig farbloses und ein durchsichtig gelbes, etwa bernsteinfarbiges Harz. Das farblose wird ausschließlich zum Eingießen verwendet, das bernsteinfarbige wird für verschiedene Reparaturzwecke gebraucht, z. B. beim Ausbessern von Karosserieteilen.

Für die Harze werden verschiedene Härter angeboten: flüssige und pastenförmige. Die flüssigen Härter werden als „MEK-Härter" bezeichnet, die festen als „BP-Härter". **Es ist empfehlenswert, keine eigenen Experimente zu machen,** sondern zum Harz immer den jeweils dazu angebotenen Härter zu kaufen.

Für Jugendliche sind pastenförmige Härter zu bevorzugen, weil sie ungefährlicher sind und nicht spritzen. Die flüssigen Härter werden in Tropfflaschen geliefert und können deshalb sehr genau abgemessen werden.

Das kleine „Aquarium" bietet von allen Seiten einen reizvollen Anblick.

Das braucht man

Gießharz mit dazugehörigem Härter. Die kleinsten Dosen haben 100 g Inhalt. Einige **Gießformen** für Anhänger und Briefbeschwerer. Alles ist im Bastelladen zu kaufen.

Eine kleine Flasche Gießharz-**Reinigung** oder Azeton zum Entfernen von Harztropfen auf Tischplatten oder Kleidung.

Einen **Mischbecher** aus milchweißem Polyäthylen (Lupolen, Hostalen), möglichst mit Maßeinteilung. Außerdem einige **Joghurtbecher oder Pappbecher** zum Anrühren, die man nach Gebrauch wegwerfen kann.

Holzstäbchen zum Umrühren.

Hostaphan-Folie zum Abdecken der Oberfläche.

Naßschleifpapier in den Körnungen 220, 320, 400 und 600.

Ein **Holzbrett,** 20 x 30 cm groß, zum Aufspannen des Schleifpapiers.

Grüne **Gießharzpolierpaste** und ein paar **weiche Lappen** zum Polieren.

Und natürlich braucht man auch ein paar **Objekte zum Einbetten:** gepreßte Pflanzen, Korallenstückchen, Käfer.

Das Zubehör gibt es im Bastelladen zu kaufen, ebenso fertig zusammengestellte Kästen.

Für den Anfänger ist ein Probe-Set empfehlenswert.

Einfache Einbettungsarbeit – ein Briefbeschwerer

Die Arbeitsfolge beim Einbetten lernt man am einfachsten beim praktischen Tun. Man sollte eine kleine Einbettungsarbeit gemacht haben, bevor man sich an schwierige Sachen wagt. Einfach, aber dekorativ ist ein Briefbeschwerer. Mit einer eingebetteten zarten Pflanze oder einem Seestern macht er sich besonders hübsch. Er braucht nicht nur Briefe zu „beschweren", sondern dient als Blickfang für dringende Rechnungen und Merkzettel.

Arbeitsplatz und Raum

Den Arbeitsplatz, einen Tisch, schützt man mit einem Stück Plastikfolie und Packpapier vor Harztropfen. Hat man doch einmal etwas Harz verschüttet: gleich mit einem Lappen und Gießharz-Reinigung entfernen. Ist das Harz erst einmal ausgehärtet, läßt es sich schwierig entfernen.

Die Raumtemperatur soll möglichst 18 bis 20 Grad Celsius betragen. Niedrigere Temperaturen lassen das Gießharz langsamer erstarren, schaden tut das aber nicht. Bei höheren Temperaturen reagiert das Harz schneller.

Gießform

Als Form benutzen wir für das erste Stück am besten eine Kunststofform mit einem klaren Grundriß, etwa einem Quader. Diese Form gibt es speziell zum Eingießen zu kaufen. Es läßt sich aber auch ein Becher oder eine Schale aus biegsamer Plastik verwenden. (Siehe auch Kapitel: Verschiedene Gießformen.)

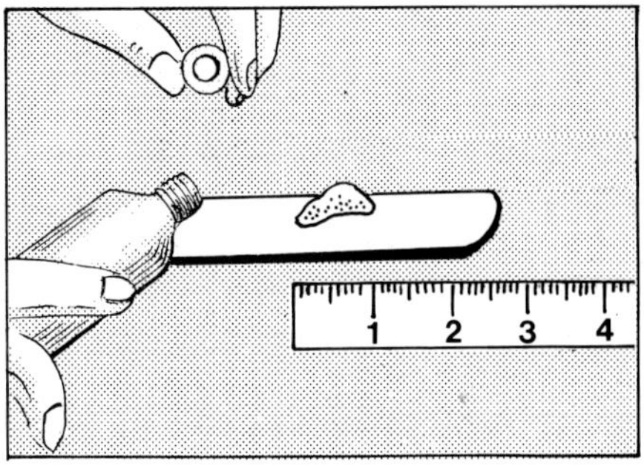

Harzmenge

Zuerst ermittelt man die benötigte Harzmenge. Gießharz hat das spezifische Gewicht von 1,1; es wiegt also nur wenig mehr als Wasser. Deshalb ist die Mengenbildung ganz einfach: Gießen Sie die Form voll Wasser und das Wasser dann in einen Meßbecher. An der Skala läßt sich jetzt ablesen, wieviel Harz benötigt wird. Ein bißchen gibt man hinzu, weil das Harz ja etwas schwerer ist. Rechnerisch läßt sich der Harzverbrauch ebenso einfach ermitteln (dazu siehe Kapitel: So berechnet man die benötigte Menge).

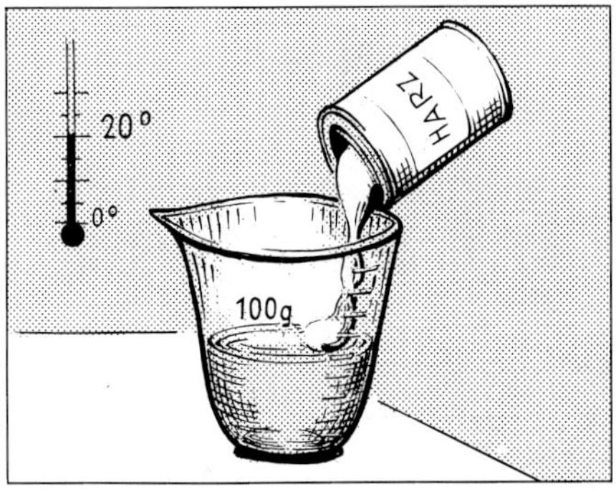

Harz mit Härter mischen

Nehmen wir einmal an, der Harzverbrauch sei etwa 100 Gramm. Die Hälfte davon gießen wir in den Mischbecher. Jetzt müssen 1% Härter dazugegeben werden. Der Härter ist pastenförmig und in einer Tube verpackt. 1% von 50 g sind 0,5 g. Benutzt man diese handelsübliche Tuben, braucht man nur einen 1 cm langen Strang auf einen Holzstab drücken, denn 1 cm aus der Tube wiegt ½ Gramm. Muß die Härtermenge durch Wiegen ermittelt werden, drückt man die Härterpaste auf ein Stückchen Alu-Folie und wiegt es auf der Briefwaage ab. Flüssiger Härter wird tropfenförmig abgemessen. Wieviel Tropfen auf ein

Gramm gehen, steht auf der Flasche. Meistens sind es 20 Tropfen. Bei 1% brauchen wir also 10 Tropfen Härter. Mit dem Holzspatel wird der Härter gründlich in das Harz hineinverrührt, mindestens eine halbe Minute lang. Es ist wichtig, daß er gleichmäßig verteilt wird, damit das Harz an jeder Stelle gut durchhärten kann.

Einige Harze färben sich dabei grünlich, bei beginnender Aushärtung werden sie wieder hell. Man läßt das Gemisch jetzt etwa 10 Minuten stehen, damit eingerührte Luftblasen entweichen. dann wird das Harz in die Form gegossen, die jetzt ungefähr halb voll sein müßte. Falls man in staubiger Umgebung arbeitet, deckt man besser die Form mit einem Stück Papier ab.

Kontrollieren Sie auch, ob die Form gerade steht (bei größeren Formen mit der Wasserwaage), damit der Guß nicht schief härtet.

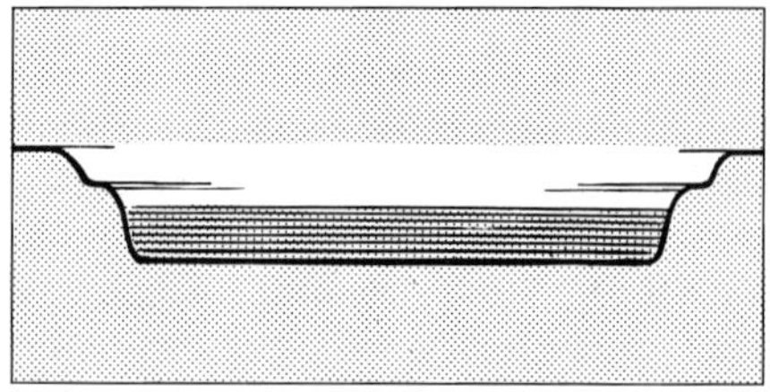

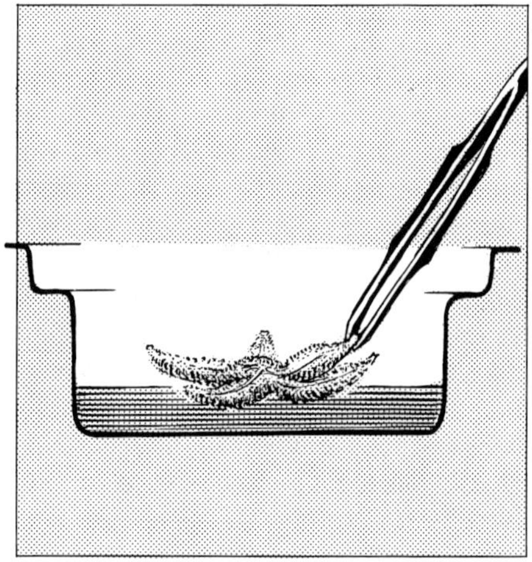

Aushärtung und Einlegen

Das Gemisch beginnt zu reagieren. Nach etwa einer halben Stunde wird die Oberfläche geleeartig und das Harz erwärmt sich. Dies ist der beste Moment, das Einbettungsobjekt hineinzulegen. Muscheln und Schnecken haften gut auf dem klebrigen Untergrund, bei Käfern hat man die Möglichkeit, die Beine in die richtige Stellung zu bringen. Dann muß die Schicht ganz aushärten.

Ganz leichte Dinge, wie Pflanzen und Schmetterlinge, bilden eine Ausnahme: man legt sie gleich auf die noch flüssige erste Schicht. Die Gefahr, daß sich Luftblasen unter den Pflanzen bilden, ist dadurch geringer. Allerdings sollte man ab und zu nach den Objekten sehen: sie können leicht einmal an den Rand rutschen.

Die zweite Schicht

Sobald die erste Schicht ausgehärtet ist, d. h. hart und wieder abgekühlt ist, kann die nächste aufgegossen werden. Wieder rührt man 50 Gramm Harz mit Härter an. Falls die Reste im Meßbecher vom ersten Harzmischen noch sehr klebrig sind (dünne Schichten härten nämlich langsamer aus als dicke), kann man einen Joghurtbecher zum Anrühren benutzen. Die zweite Schicht wird langsam aufgegossen, und zwar beginnt man an der tiefsten Stelle der Form. Dabei schiebt das Harz die Luft, die sich in einigen Objekten befindet (z. B. Schnecken), vor sich her und drückt sie aus den feinen Verästelungen.

Das Stück ist jetzt vollkommen bedeckt. Manchmal sammelt sich doch noch Luft in kleinen Bläschen an feinverzweigten Stellen. Durch vorsichtiges Schwenken oder Aufstoßen der Form lassen sich die Luftblasen bewegen und steigen an die Oberfläche.

Folie auflegen

Man läßt die Harzoberfläche eine Viertelstunde offen, damit alle Luftblasen entweichen können. Die Form muß gut randvoll ausgegossen sein. Schneiden Sie ein Stück Folie mit der Schere zurecht, das etwas größer ist als die Form und kontrollieren Sie es auf Kratzer oder Knitterfalten. Da die Folie sehr biegsam ist, kann man sie langsam von einer Seite beginnend auf die Oberfläche legen, ohne Luftblasen einzuschließen. Ein bißchen Übung braucht man dazu. Wenn die Folie stark gerollt war, legt man eine kleine Glasplatte oder ein Frühstücksbrettchen darüber.

Aus der Form trennen

Die zweite Schicht läßt man am besten über Nacht stehen, dann ist sie gründlich durchgehärtet. Die Folie läßt sich leicht abziehen. Mit einem spitzen Messer fährt man leicht an der Kante des gegossenen Blocks entlang oder bewegt die Form durch Auseinanderdrükken der Wände. Es gerät Luft hinein, und der Block löst sich leicht heraus.
Wir sehen das Objekt vollkommen von klarem Harz umgeben. Der Gießling ist fertig, wenn wir die oberen Kanten ringsum mit feinem Naßschliffpapier gebrochen und mit Polierpaste nachpoliert haben. Wurde keine Folie verwendet (z. B. wenn man die Form nur halb ausgießen will), wird die Oberfläche etwas klebrig und wellig durch den Einfluß des Luftsauerstoffs.

Rohe Holzuntersetzer aus dem Bastelladen wurden zuerst dünn mit schwarz gefärbtem Gießharz ausgegossen, mit gepreßten Herbstblättern belegt, farblos übergossen und mit Folie bedeckt.

Schleifen

Beim Schleifen beginnt man immer mit dem gröbsten Schleifpapier und schleift weiter mit immer feiner werdendem Papier. Das nächstfeinere muß immer die Kratzer des vorigen völlig beseitigt haben, ehe man die Körnung wechselt. Am einfachsten und schnellsten ist das Schleifen mit Naßschliffpapier, d. h. wasserfestem Schmirgelpapier. Dabei werden Schleifpapier und der Harzblock gut mit Wasser benetzt. Naßschleifen hat den Vorteil, nicht so viel Staub zu machen und die klebrige Schicht schnell zu beseitigen. Außerdem kann man die Oberfläche auf eventuelle Kratzer gut beobachten.

Das Schleifpapier in der Körnung 220 wird mit Reißzwecken auf das Holzbrett gespannt, wie es die Zeichnung zeigt. Den Gießling (so nennt man den gegossenen Block) nehmen Sie in die Hand und schleifen ihn in kreisenden Bewegungen auf dem Papier herum, bis die Oberfläche topfeben ist. Dann das nächstfeinere Papier aufspannen und schleifen. Jedesmal beim Papierwechsel wird das Stück einmal abgespült, damit keine groben Körner in das feinere Papier gelangen. Reihenfolge der Schleifpapiere: 220, 320, 400, 600.

Wenn man mehrere Dinge zu schleifen hat, bespannt man praktischerweise vier Bretter mit den Schleifpapieren verschiedener Körnung. Dann erspart man sich das zeitraubende Wechseln der Papiere. Das Schleifen erfordert einige Mühe. Für einen Briefbeschwerer dauert die Schleifarbeit etwa eine halbe Stunde. Bei gründlicher Arbeit wird man jedoch belohnt durch die wirklich glatte, strahlende Oberfläche des fertigen Stückes. (Maschinelles Schleifen siehe entsprechendes Kapitel.)

Polieren

Nach dem letzten Schleifen mit dem Papier Körnung 600 wird der Gießling abgewaschen und getrocknet. Er zeigt jetzt eine feine, mattmilchige Oberfläche, die durch das Polieren erst den Glanz bekommt. Genau wie beim Schleifpapier spannt man einen weichen Lappen auf das Brett. Etwa einen Teelöffel grüne Polierpaste auftragen und das Stück kräftig darauf herumreiben. Mit einem zweiten, sauberen Lappen nachreiben.

Die Seiten- und Rückwände können auch noch ein bißchen nachpoliert werden. Wenn sie Kratzer oder sonstige Unebenheiten zeigen, müssen sie vorher auch geschliffen werden. Und dann zeigt sich der Block in strahlendem Glanz. Auch feinste Einzelheiten des eingebetteten Objekts bleiben sichtbar.

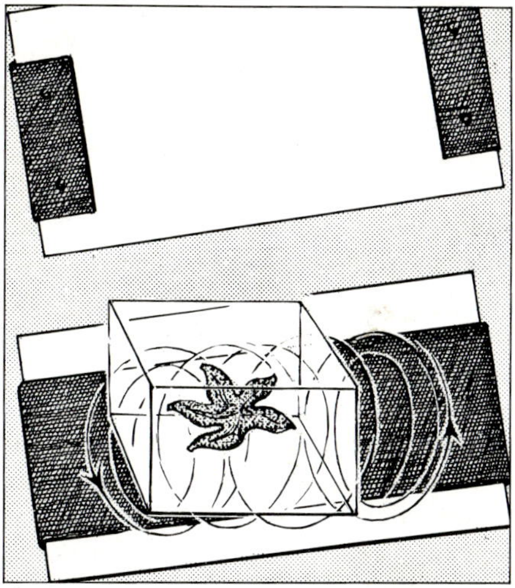

Eine hübsche Erinnerung sind eingebettete Fotos mit Kinderzeichnungen aus dem entsprechenden Alter. Auf dünnem Papier mit Filzschreibern gezeichnet wird das Papier fast durchsichtig. ▼

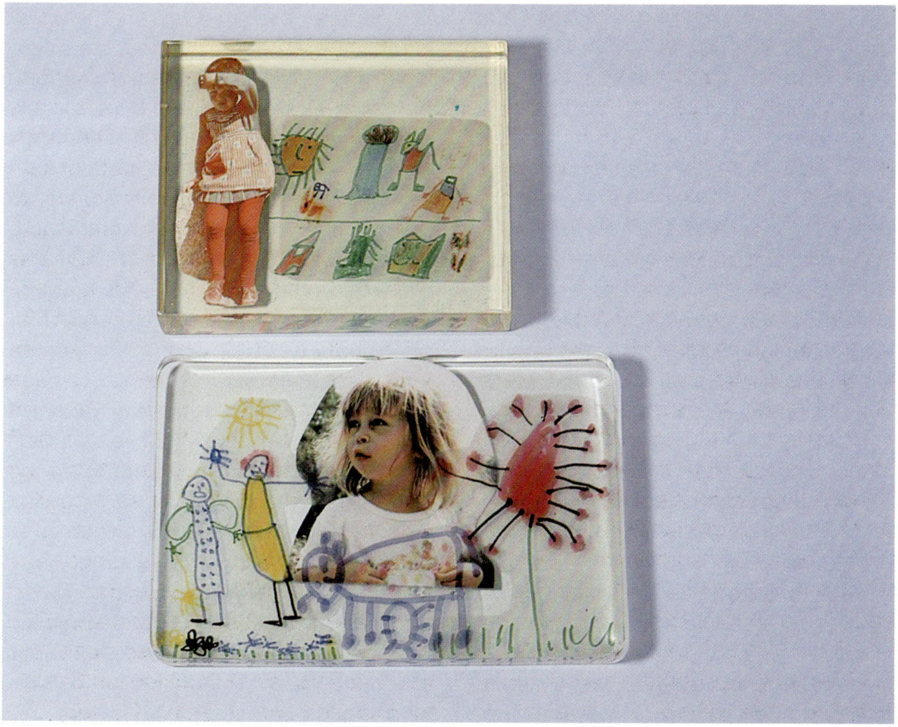

Wissenswertes über schwierige Arbeiten

Vorgänge bei der Polymerisation

Die Vorgänge beim Arbeiten mit Gießharz kann man besser verstehen, wenn man etwas über den Ablauf der Polymerisation weiß.

Nach dem Zusammenmischen von Harz und Härter sieht man zunächst nichts Auffälliges. Dennoch läuft die Aushärung ganz langsam an. Einige Einzelmoleküle schließen sich zu Ketten zusammen, dabei wird Wärme frei. Diese regt die übrigen freien Teilchen an, sich wiederum zu verketten. In einer durch die Wärme immer schneller aufeinanderfolgenden Kettenreaktion schließen sich alle Teilchen zusammen, verfestigen sich und verbinden sich zum netzartigen, starren Gerüst. Am Dickerwerden des Harzes, an der Gelierung und der spürbaren Erwärmung erkennt man dann die Reaktion. Bei der zunehmenden Gerüstbildung setzt auch die Schrumpfung ein, die am stärksten in der letzten Phase der Aushärtung, nach dem Abkühlen der Reaktionswärme, auftritt.

Im Laufe der nächsten Stunden und Tage härtet das Harz noch nach, d. h. die letzten noch freien Teilchen fügen sich in das Gerüst ein, die letzten leichten Nachschrumpfungen setzen ein. Die Festigkeit der Gießstücke nimmt also im Laufe der nächsten Tage noch zu. Daher ist es empfehlenswert, stark beanspruchte Teile erst nach ein paar Tagen zu benutzen.

Schichtstärke

Man kann beliebig große Blöcke aus Gießharz herstellen. Aber diese dürfen nicht auf einmal, sondern nur in mehreren Schichten gegossen werden. Eine Schicht soll niemals stärker als etwa zwei Zentimeter hoch aufgegossen werden, weil das Harz sonst zu stark reagiert. Es entwickelt sich dann sehr viel Hitze. Weil Kunststoffe schlechte Wärmeleiter sind, kann die Hitze aus der Mitte des Blocks nicht schnell genug abgeführt werden, es entwickelt sich laufend neue Hitze und so kommt es zum Wärmestau. Dieser bewirkt Spannungen im Harz und es können Risse oder blasenartige Erscheinungen auftreten. Wenn man einmal bemerkt, daß bei einem Guß zu viel Hitze entsteht, kann man das Stück in ein kaltes Wasserbad oder in den Eisschrank stellen. Die Hitze wird dann abgeführt und die Reaktion dadurch gebremst.

Bei schwierigen Güssen kann man zur Sicherheit schon vor dem Gelieren im Wasserbad kühlen.

Besonders starke Risse entstehen, wenn man zu hoch aufgießt und sehr dicke Gegenstände auf einmal mit einbettet, z. B. Glaskugeln oder Silberdisteln. Das Harz wird dann außerdem in seinen Schrumpfbewegungen sehr behindert und reißt. Manchmal kann das Reißen allerdings auch ein erwünschter, dekorativer Effekt sein. (Dazu siehe Kapitel: Experimente.)

Dagegen kann man beliebig große Flächen gießen. Durch die große Abkühlungsfläche entsteht keine zu starke Hitze beim Reagieren. Ein Beispiel: eine 20 x 20 cm große Fläche, die 1 cm hoch aufgegossen wird, härtet ohne Komplikationen aus. Dagegen bilden sich mit Sicherheit Risse, wenn man eine Fläche von 7 x 7 cm in einem Guß 8 cm hoch aufgießt. Die Harzmenge ist bei beiden Versuchen die gleiche. Im letzten Fall müßte man also den Block aus vier verschiedenen Schichten nacheinander gießen.

Eingebettete Fotos mit hübschen Umrahmungen sind sehr individuelle Geschenke und sowohl als Briefbeschwerer wie auch als Wandbilder zu verwenden. Eingebettet werden sie in drei Schichten: auf die eingefärbte oder durchsichtige Grundschicht wird nach dem Härten und Abkühlen eine ganz dünne, etwa 1 mm starke Schicht gegossen, darauf das Foto mit der richtigen Seite nach oben gelegt.

Nach dem Härten die letzte Schicht aufgießen und am besten mit einer Glasplatte abdecken, damit der Gießling auf der Oberfläche hochglänzend erscheint. Wenn man so verfährt, verhindert man Luftblasen und ein seitliches Hochwölben der Fotos.

Der „Wechselrahmen" mit eingebetteten gepreßten Blüten auf schwarzem Grund wurde in einer Form hergestellt, wie sie auf Seite 42 abgebildet ist. Zu beachten ist dabei, daß die Plastikform für den runden Ausschnitt von innen mit Kleber bestrichen und auf die Glasplatte geklebt wird. Aus matter Folie ist der Scherenschnitt, der die Umrahmung für den runden Gießling bildet, und beim kleinen runden Bild wurde der Rahmen aus Glasperlen gelegt.

Im übrigen: Je höher die aufgegossene Schicht, desto stärkere Hitzeentwicklung und damit auch stärkere Schrumpfung tritt auf. Bei feinverästelten oder sehr kompakten Objekten lieber mehrere dünne Schichten aufgießen.

Die richtige Härtermenge

Durch die individuell abgemessene Härtermenge kann man die Vorgänge beim Aushärten steuern. Die Faustregel für farbloses Harz lautet: 1-2% Härter. Dünne Schichten härten sehr langsam aus und die Oberfläche bleibt klebrig. Deshalb gibt man in einem solchen Fall bis zu 4% Härter hinzu.

Bei Schichten, die sehr dick aufgegossen werden sollen, ist die Gefahr der Rissebildung geringer, wenn man nur 0,5% Härter im Harz vermischt. Auch bei sehr hitzeempfindlichen Einbettungsgegenständen wenig Härter zugeben.

Wenn mehr Härter als 4% zugegeben wird, wird der Harzblock desto spröder und zerbrechlicher. Deshalb: wenig Härter (etwa 1%) für Gußstücke, die elastisch bleiben sollen.

Die Aushärtungszeit der Harze

Die Zeit bis zum Gelieren der Gießharze nennt man die „Topfzeiten“. Sie hängen ab vom Anteil des Beschleunigers (dazu siehe Kapitel: Die Rolle des Beschleunigers) und von der Härterzugabe (siehe Kapitel: Die richtige Härtermenge). Die Raumtemperatur spielt ebenfalls eine wichtige Rolle. Die Angaben der Aushärtungszeiten auf den Gebrauchsanweisungen, die jeder Gießharzpackung beigefügt sind, beziehen sich immer auf 20 Grad Celsius. Niedrige Temperaturen verzögern die Härtung; bei farblosem Harz tritt unter etwa 15 Grad gar keine Reaktion ein. Man sagt dann, die Härtung ist „eingefroren“.

Höhere Temperaturen beschleunigen die Härtung.

Dünne Schichten mit großer Abkühlungsfläche benötigen mehr Zeit zur Härtung als dickere Schichten, die mehr Reaktionswärme entwickeln.

Die zur Zeit im Handel befindlichen Gießharze haben etwa gleiche Aushärtungszeiten.

Die Aushärtezeiten in Abhängigkeit von der Härterzugabe

Härter-menge in %	Topfzeit	Aushärte-zeiten
0,5%	ca. 30-50 Min.	ca. 10 Std.
1%	ca. 30 Min.	ca. 6-8 Std.
2%	ca. 20 Min.	ca. 2 Std.
3%	ca. 10 Min.	ca. 1 Std.

Verzögern und Beschleunigen der Reaktion

Manchmal merkt man, daß die Mischung zu schnell reagiert; es entwickelt sich große Hitze, die ein empfindliches Einschlußobjekt zerstören könnte. Dann kann man die Reaktion verzögern, indem man das Stück in kaltes Wasser stellt. Erfolgt dies bevor die Wärmeentwicklung beginnt, läßt sich das Reagieren lange hinauszögern, da das Harz erst bei etwa 15°C zu arbeiten beginnt.

Umgekehrt kann man das Aushärten beschleunigen, wenn man die Raumtemperatur durch Heizen erhöht oder das Harzgemisch an einen warmen Ort bringt. Die Erwärmung darf nicht zu lange dauern, weil das Harz nach einiger Zeit beginnt, selbst zu reagieren und Wärme zu entwickeln. Und zuviel Wärmeentwicklung fördert die Rissebildung, wie bereits oben erwähnt.

Für Vaters Schreibtisch als Briefbeschwerer eingegossen: ein ovaler Fotoblock mit der gepreßten Originalblüte und eingebetteter Datumsangabe und eine Haarlocke und -spange von Tochter Nina. Ovale Formen sind übrigens nicht im Bastelladen zu haben, man muß sie selbst herstellen aus Alustreifen oder biegsamen Plastikstreifen, z. B. aus Astralon. Die Kugel erinnert an echte „Paperweights". Glitzernde Glasperlen, Pailletten, Sternchen und Glassteine sind in mehreren Schichten eingelegt und glänzen und reflektieren das Licht in vielfältiger Weise.

Halbkugeln mit einem nachträglich gebohrten Loch eignen sich gut als Halter für Stifte. Sie können zu einem ganz persönlichen Geschenk werden, wenn man etwas für den Empfänger witziges oder wichtiges einbettet. Eine präparierte Dalie wurde in einem Aufguß in eine große Halbkugel eingegossen. Sie ist trotz wenig Härterzugabe an mehreren Stellen als Folge von Überhitzung und Spannungen gerissen.

Ein wichtiger Hinweis:
Zu beachten ist, daß keine offene Feuerquelle an das flüssige Harz gebracht wird, da es feuergefährlich ist.
(Siehe dazu auch Kapitel: Vorsichtsmaßnahmen.)

Einbetten von luftgefüllten Objekten

Viele voluminöse Pflanzen (z. B. Silberdisteln, Strohblumen) und Tiere (Käfer, große Seesterne, Muschelschalen) enthalten im Innern viel Luft. Um Luftblasen zu vermeiden, müssen diese Objekte folgendermaßen eingebettet werden: auf die noch nicht ganz gelierte Grundschicht wird das Objekt aufgelegt und klebt mit Erreichen der vollen Aushärtung sicher fest. Die nächste Schicht wird so hoch aufgegossen, daß sie das Objekt zu etwa 7/8 bedeckt. Falls es sehr hoch ist, muß man mehrere Schichten gießen, bis das Objekt zu 7/8 bedeckt ist. Beim Erwärmen des Harzes bei der Polymerisation dehnt sich die im Objekt befindliche Luft aus und entweicht nach oben. Wäre das Stück auf einmal ganz mit Polyester bedeckt worden, könnte es passieren, daß die aufsteigenden Luftblasen im gelierenden Harz steckenbleiben würden. Die nächste Schicht Polyesterharz kann dann das Objekt ganz bedecken. Der größte Anteil der Luft ist ja bereits herausgelöst.

So berechnet man die benötigte Harzmenge

Die einfachste Art, die benötigte Harzmenge zu ermitteln, ist die folgende: Die Form voll Wasser gießen und die Menge im Meßbecher messen. Da das Harz etwas schwerer ist als Wasser, braucht man ein bißchen mehr Harz, als man Wasser gemessen hat.
Wenn noch keine Form zur Verfügung steht oder Holz beschichtet werden soll, berechnet man den Harzverbrauch nach diesen Formeln:

Platten und Blöcke

Länge x Breite x Höhe ergibt die Kubikzentimeterzahl, die mit dem spezifischen Gewicht des Gießharzes multipliziert werden muß, nämlich 1,1. Ein Beispiel: Harzverbrauch für eine Tischplatte in der Größe 40 x 40 x 1 cm.
40 x 40 x 1 = 1600 ccm
1600 x 1,1 = **1760** Gramm
Der Harzverbrauch beträgt also etwa eindreiviertel Kilo.

Zylinderformen

Man rechnet Grundfläche x Höhe. Die Grundfläche ist ein Kreis, sie wird nach der Formel πr^2 ausgerechnet. $\pi = 3{,}14$.
Für einen Lampenfuß beispielsweise mit der Höhe 20 cm und dem Durchmesser 9 cm ist der Harzverbrauch:
$\pi r^2 \times h = 3{,}14 \times 20{,}25 \times 20 = 1271{,}7$ ccm
1271,7 x 1,1 = **1398,8** Gramm

Ein ganz persönliches Erinnerungsstück ist dieser Kerzenhalter. Ganz kleine Strohblumen (Immortellen – im Bastelladen zu haben), gepreßte Hortensienblüten und in Trockenpulver getrocknete weiße Blüten sind zum Kränzchen gelegt und mit gepreßten grünen Blättchen vom Wegesrand umrahmt. Die Schrift ist mit weißer und goldfarbener Bastelfarbe (Deka-Ziermatt o. ä.) aufgemalt. Mit einem HSS-Bohrer bohrt man etwa 1 cm tief das Loch für die Kerze und schleift noch eine Standfläche an. ▶

80
16.7.
1983
Dete

5
6

Die Schrumpfung

Im Durchschnitt schrumpfen die verschiedenen Polyesterharze um etwa 3 bis 5% nach der Aushärtung. Diese Schrumpfung ist beim Einbetten ein Vorteil und ein Problem zugleich.

Der Vorteil liegt darin, daß sich der ausgehärtete Block besonders von glatten Formwänden leicht löst.

Das Problem entsteht beim Aufeinandergießen mehrerer Schichten. Eine bereits ausgehärtete Schicht schrumpft leicht und löst sich teilweise von den Formwänden ab. Die jetzt erneut aufgegossene Schicht läuft in den entstandenen Zwischenraum zwischen Gießling und Formwand. Weil das Ablösen meist nicht gleichmäßig geschieht, gibt es daher häßliche Absätze und Schlieren am Gießling, die abgeschliffen werden müssen.

Man kann dies verhindern, indem man zwischen dem Aushärten und erneuten Aufgießen einer Schicht nicht zuviel Zeit verstreichen läßt. Die nächste Schicht muß aufgegossen werden, wenn die Reaktionswärme der vorhergehenden abgeklungen ist. Wenig Härterzugabe bedeutet auch eine geringere Schrumpfung.

Das Tempern

Wie bereits erwähnt, setzt sich die Polymerisation noch einige Stunden bis Tage nach der Aushärtung fort. Man kann diesen Prozeß beschleunigen, indem man den Gießling etwa eine halbe Stunde in einen Wärmeofen oder Backofen stellt, der eine Temperatur von etwa 50-80 Grad hat. Es reicht auch aus, den Block einige Zeit auf eine Heizung zu legen oder (mit 10 cm Abstand) mit einer Schreibtischlampe zu bestrahlen. Man nennt dies Tempern. Durch dieses Verfahren werden die Spannungen im Harz und zwischen Harz und Einbettungsobjekt ausgeglichen, die letzten leichten Schrumpfungen setzen ein, so daß nach dem Tempern keine Veränderungen mehr befürchtet werden müssen. Wichtig ist, das Tempern noch in der Form vorzunehmen, weil der Block sonst sehr leicht an den Kanten beschädigt wird.

◀ *Originelle Hausnummern lassen sich gut aus Gießharz herstellen, weil sie ganz wetterfest sind. Hier kann man viele Ideen verwirklichen, die schon am Haustürschild auf die Persönlichkeit der Bewohner schließen läßt. Metallzahlen lassen sich problemlos einbetten, zu anderen Beschriftungen siehe Kapitel: Verschiedene Sachen.*

Das Färben

Polyesterharz läßt sich in jeder beliegigen Farbe einfärben. Es gibt dazu spezielle Abtönpasten in Tuben, die beliebig untereinander mischbar sind.

Die Farbe wird erst eingerührt, wenn Harz und Härter gut vermischt worden sind. Für durchsichtige Töne gibt man nur eine winzige Messerspitze auf einen Becher Harz. Besonders Schwarz und Weiß färben sehr intensiv. Für „milchglasfarbenes“ Harz genügt ebenfalls eine Messerspitze. Satt deckende (opake) Farben erzielt man mit einem Pastenzusatz von 2-10%. Immer gut verrühren, damit die Tönung gleichmäßig wird.

Besonders schöne, leuchtende Transparentfarben erzielt man mit sogenannten Polyurethan-Abtönpasten. Sie werden für Kunststofflacke gebraucht.

Es läßt sich also unter jedes Einbettungsobjekt eine farbige Grundschicht gießen, von der sich der eingebettete Gegenstand gut abhebt.

Bei eingefärbten Grundschichten muß man darauf achten, daß die nächste Schicht erst aufgegossen wird, wenn die erste ausgehärtet ist, d.h. die

Kerzenhalter aus Gießharz sind ein hübscher Tischschmuck und dazu einfach herzustellen. Der kleine Vogel als Tischkartenhalter ist in einer aus Alustreifen gebogenen Form gegossen (siehe S. 43) und hat Einsprengsel aus glitzerndem Goldpulver. In den Schnabel wird mit der Laubsäge ein Schlitz gesägt, der die Kärtchen hält. Aus Keksausstechformen wie Herzen, Sternen usw. lassen sich dekorative Kerzenhalter und Tischkartenständer gießen.

Reaktionswärme völlig abgeklungen ist. Sonst reißt die Reaktion der ersten Schicht die folgende mit; dadurch entstehen häßliche, hochgezogene Ränder bei der eingefärbten Schicht.
Manche Farben verzögern die Härtung etwas, besonders Weiß und Blau.

Kleben

Teile aus Gießharz lassen sich untereinander oder mit anderen Materialien entweder mit Gießharz oder 2-Komponenten-Kleber (z. B. UHU plus) verbinden. Diese Komponenten-Kleber sind etwas ähnliches wie das Gießharz; sie haften aber noch stärker und schrumpfen nicht. „Härter" und „Binder" (= Harz) werden miteinander vermischt und auf die Klebestelle aufgetragen. Sie muß aushärten. Das dauert bei normaler Zimmertemperatur 24 Stunden; wenn man eine Heizsonne darauf richtet, nur etwa 1/2 Stunde. UHU plus verbindet Teile aus Gießharz mit Metall und Glas.
Gießharzblöcke untereinander lassen sich mit Gießharz verbinden. Farbloses Harz wird mit 6% Härter vermischt und dünn auf die Klebestelle aufgetragen. Wenn die Teile nicht von selbst zusammenhalten, müssen sie mit Klebestreifen oder Bindfaden solange zusammengehalten werden, bis das Harz abgebunden hat.

Reinigung

Gießharzflecken lassen sich von der Arbeitsfläche oder aus der Kleidung mit Azeton oder Gießharz-Reinigung entfernen, wenn sie noch frisch sind. Vorsicht: ***Azeton ist feuergefährlich.*** Ausgehärtetes Harz läßt sich nur schwierig mit einem Messer abkratzen.
Gießharzgetränkte Pinsel müssen in Azeton oder Reinigung gestellt werden, solange das Harz noch nicht abgebunden hat.

Vorsichtsmaßnahmen beim Umgang mit Polyesterharzen

Wichtig ist besonders das gute Lüften des Arbeitsraumes. Styroldämpfe, die aus dem Harz entweichen, sind beim Ansetzen kleinerer Mengen **nicht** schädlich.

Bei großen Mengen (ab etwa 5 kg in einem Ansatz) in geschlossenen Räumen können die Dämpfe gesundheitsschädlich und in ausreichender Konzentration auch explosionsgefährdet sein.

Im Arbeitsraum des Hobbybastlers kommen größere Mengen normalerweise nicht vor, daher sei dies nur zur Information erwähnt.

Polyesterharze sind brennbar, man soll also nicht mit offener Flamme in der Nähe offener Harzbehälter hantieren.

Besondere Vorsicht ist im Umgang mit Härter geboten. Er darf nicht in die Augen und auf die Schleimhäute gebracht werden, weil er ätzend wirkt.

Pastenförmige Härter sind ungefährlicher als flüssige, weil sie nicht spritzen können. Am besten benutzt man zum Anmischen und Aufgießen der Harze billige Einweg-Handschuhe aus Plastik, die man nach Gebrauch wegwirft.

Harz an den Händen ist nicht gefährlich, zum Entfernen sollte man aber keine Lösungsmittel verwenden, sondern heißes Wasser und Seife; am besten bewährt hat sich Abrazzo-Seife.

Die Schmuck- und Schlüsselanhänger sind gegossen in teils gekauften speziellen Schmuckformen, teils in kleinen Blechdeckeln, Eiswürfelbehältern und Tablettendöschen. Es eignen sich auch Eßlöffel, Eierbecher, Kronenkorken oder Pralinenförm-

chen. Anhänger werden mit einem 1-mm-Bohrer angebohrt, eine Drahtschlaufe wird eingeklebt. Broschennadeln, Manschettenknöpfe usw. klebt man mit UHU plus oder Stabilit ultra.

Schwierige Entformung

Manchmal sind gegossene Teile schwierig zu entformen, sei es, daß das Harz an den Formwänden stark anklebt oder die Gießform kompliziert ist. In einem solchen Fall läßt sich mit Gewalt nicht viel machen, man würde das Stück nur beschädigen. Daher seien hier einige *Tips* gegeben.

Elastische Formen drückt und weitet man etwas, damit Luft zwischen Wandung und Gießling gerät. Dann drückt man einen gewöhnlichen Saughaken auf die Oberfläche und zieht mit leichten Drehungen das Harzteil heraus.

Sollte dies nicht gelingen, nutzt man die Schrumpfung und Dehnung der Polyesterharze bei Temperaturunterschieden aus. Dieses Verfahren gilt besonders für feste, unelastische Formen.

Zunächst wird getempert (siehe Kapitel: Das Tempern), d. h. der Gießling wird kurzzeitig erhitzt. Das kann auch in heißem Wasser geschehen. Dann abkühlen lassen. Wenn der Gießling sich auch jetzt noch nicht löst, legt man das Stück in den Eisschrank oder bei Frost ins Freie. Dazu muß man wissen, daß Kunststoffe sich bei Abkühlung bzw. Erwärmung etwa 6- bis 8mal stärker zusammenziehen bzw. ausdehnen als alle anderen Werkstoffe.

Bei Kältegraden zieht sich also der Formling stark zusammen und löst sich eigentlich immer von der Formwand ab, so daß man ihn herausnehmen kann.

Bei der Entformung einer verlorenen Form (z. B. mit Gießharz gefüllte Glaskugelvasen) wird im Prinzip dasselbe Verfahren angewandt. Man legt die Glasform zunächst eine halbe Stunde lang in heißes, dann in kaltes Wasser, bis sich die Gußform gelöst hat; anschließend wird mit dem Hammer vorsichtig die Gießform zerschlagen.

Die Rolle des Beschleunigers

Das Harz, das man im Fachgeschäft kauft, ist bereits ***vorbeschleunigt,*** d. h. es enthält den vom Hersteller in der richtigen Menge eingemischten Beschleuniger. Der Beschleuniger ist meistens eine auf Kobalt-Basis aufgebaute Verbindung.

Der verschieden hohe oder niedrige Anteil von Beschleuniger in den verschiedenen im Handel erhältlichen Gießharzen hat Einfluß auf die Aushärtezeiten und die Farbe der Polyesterharze.

Ein hoher Anteil von Beschleuniger bewirkt eine kurze Aushärtezeit (bei normaler Härterzugabe etwa 1-2 Stunden) und eine leichte Gelb- oder Rötlichfärbung des Harzes. Wenig vorbeschleunigtes Harz hat lange Aushärtezeiten (bis zu 12 Stunden) und meistens eine wesentlich hellere, fast glasklare Farbe. Auch auf die Hitzeentwicklung während der Aushärtung hat der Beschleuniger Einfluß. Weil die Polymerisation in kurzer Zeit vonstatten geht, ist die Hitzeentwicklung bei verhältnismäßig hohem Beschleunigeranteil größer. Die ganze Wärme wird während der kurzen Aushärtungsphase auf einmal frei. Bei wenig vorbeschleunigtem Harz verteilt sich die freiwerdende Hitze auf eine längere Zeitspanne; sie wird also laufend abgeführt.

Dazu kommt, daß bei kurzer Aushärtung eine schnellere und kräftigere Schrumpfung des Harzes auftritt als bei langsamer Polymerisation. Die Spannungen, die sich im Harz und zwischen Harz und Objekt ergeben, sind dadurch wesentlich größer als bei langsamer Polymerisation.

Daher wählt man das Gießharz je nach Einbettungszweck. Für hitzeempfindliche und weit verzweigte, auch sehr kompakte Objekte wählt man zweck-

Eine ganz neue Idee sind die Vasen aus Gießharz, die in runden Glasgefäßen gegossen wurden (Laborbedarf). Eingebettet sind gepreßte Gräser und – auf dem Foto nicht gut zu erkennen – farblose kleine Glasperlen, die ähnlich wie Luftbläschen aussehen. Auch kleine Blüten, ein Stück Spitze oder ein bißchen Goldglimmer sehen hübsch aus. Gebohrt wird der Wasserkanal mit einem HSS-Bohrer, die Standfläche kann abgesägt und dann poliert werden. Das Bohrloch kann übrigens leicht poliert werden, indem man um den Bohrer oder ein Holzstäbchen einen Lappen mit Poliercreme wickelt und ihn in die Bohrmaschine einspannt.

mäßigerweise ein Harz mit langer Aushärtezeit. Kommt es auf schnelle Polymerisation an, benutzt man höher beschleunigte Harze. Die Aushärtezeiten (Topfzeiten) sind auf den Gebrauchsanweisungen angegeben.
Es werden auch manchmal Gießharze im Handel angeboten, die noch keinen Beschleuniger enthalten. Er wird extra geliefert und muß selbst zugemischt werden. Der Vorteil ist die längere Haltbarkeit des reinen Harzes im Rohzustand. Trotzdem ***ist vom Selbstanmischen abzuraten,*** wenn nicht schon viele Erfahrungen vorliegen.

Legt man z.B. ein Kilo zugrunde, müssen so geringe Spuren Beschleuniger zugemischt werden, daß sie nicht präzise abgemessen werden können. Da aber die Harzfarbe vom Beschleunigeranteil abhängt, ist es mit normalen Hilfsmitteln nicht möglich, immer die gleiche Tönung zu erhalten.

Zum andern dürfen Härter und Beschleuniger auf keinen Fall zusammengebracht werden, da dann Explosionsgefahr besteht.

Daher ist es weitaus einfacher, mit bereits beschleunigtem Harz zu arbeiten.

Gießen auf Holz

Polyesterharz läßt sich fast auf jeden trockenen und sauberen Untergrund, wie z.B. Holz, Beton, Asbestzement, aufgießen oder mit Glasfaser verstärkt auflaminieren. Holz wird als Untergrund für Tischplatten häufig verwendet. Da es eine poröse Oberfläche hat, die das Styrol des aufgegossenen Harzes aufsaugen würde, könnte das Harz nicht mehr richtig polymerisieren. Es muß daher mit einer Grundierung vorbehandelt werden, die die Poren schließt. Ebenso verfährt man mit anderen saugenden Untergründen. Die Einlaßgrundierung wird zusammengemischt aus 1 Gewichtsteil Harz mit Härter und 1 Gewichtsteil Gießharz-Reinigung. Gießharz-Reinigung besteht u.a. aus Styrol, das auch als Lösungsmittel im Harz vorhanden ist. Die Grundierung wird satt auf das Holz gestrichen. Sie dringt tief ein, verbessert sogar noch die Stabilität des Holzes, schließt die Poren und bildet einen sehr guten Haftgrund für die Harzschicht. Statt Gießharz-Reinigung gibt es auch spezielle Grundierungen, die noch zusätzlich für eine besonders gute Haftung des Harzes sorgen. Das Gießharz wird dann wie gewohnt angerührt und aufgegossen. Dies sollte innerhalb von fünf Stunden nach Aufbringen der Grundierung geschehen, damit sich die Harzschicht gut mit der ausgehärteten Grundierung verbindet.

Dicke auf Holz aufgegossene Gießharzschichten bewirken oft ein leichtes Verziehen des Holzes. Man gleicht dies aus, indem man auf die Gegenseite ebenfalls eine dünne Gießharzschicht aufgießt. Kleine Holzobjekte wie Untersetzer, Kästchen oder Spandosen können allerdings ohne weitere Vorbehandlung direkt mit einer dünnen Schicht beschichtet werden.

Auflegen von Folien

Um sich die Schleifarbeiten bei den Gießharzblöcken weitgehend zu ersparen, kann man die Oberfläche der letzten Schicht mit einer Folie abdecken. Sie hält den Luftsauerstoff während der Aushärtung fern. Nach der Polymerisation läßt sich die Folie einfach abziehen und die Gießharzoberfläche ist verhältnismäßig blank und eben. Sie ist auch völlig klebfrei und hart.

Als Abdeckfolie benutzt man Hostaphan oder Cellophan. Diese Folien lassen sich mehrmals verwenden; man sollte darauf achten, daß sie keine Risse oder Knicke bekommen, die sich nicht glätten lassen. Am einfachsten ist die Anwendung, wenn die Gießform ganz voll gefüllt und ganz mit Folie abgedeckt wird. Vor dem Auflegen die Luftblasen hochsteigen lassen. Eine gleichmäßig ebene Oberfläche erhält man, wenn auf die Folie noch eine Glasplatte gelegt wird.

Nach dem Gelieren muß die Folie gleich abgezogen werden. Sonst kann es passieren, daß sich durch die Schrumpfung des Harzes die Folie wirft und wellige Abdrücke auf dem Harz hinterläßt. Folienbedeckte Oberflächen sind allerdings niemals so blank und glänzend wie polierte. Wenn man sie daher noch leicht schleifen und polieren möchte, beginnt man gleich mit Schleifpapier Körnung 600. Da keine klebrige Schicht mehr zu entfernen ist, geht das Schleifen natürlich sehr schnell.

Auch Glasplatten eignen sich gut zum Abdecken, besonders bei größeren Flächen, bei denen die Folie in der Mitte leicht einmal „einsackt". Sie ergeben besonders makellose, glänzende Oberflächen. Glasplatten müssen gut mit Trennwachs eingerieben und abpoliert werden. Zum blasenfreien Auflegen gehört etwas Übung.

Die Folie eignet sich auch als Unterlage für größere Stücke, beispielsweise Tischplatten. Eine Glas- oder Metallplatte wird dazu mit der Folie belegt. Die Rahmenleisten kann man ebenfalls mit der Folie beziehen. Man klebt sie mit Leim auf. Die Schichten aufgießen und die letzte oberste Schicht wieder mit Hostaphan abdecken. Die Platte kann man blank und glänzend herauslösen.

Zwischenschichten aus Gießharz, auf die noch eine Schicht Harz aufgegossen werden soll, darf man nicht mit Folie bedecken. Die Schicht verbindet sich dann nicht fest mit der unteren.
Die klebrige und wellige Gießharzschicht, die mit Luftsauerstoff ausgehärtet ist, sorgt für eine feste Verzahnung mit der darübergegossenen Schicht.

Dieser große Holzkasten in dem man Fotos, Briefe und persönliche Erinnerungen aufbewahren kann, ist mit einer bunten Collage beschichtet. Die Herstellung ist nicht schwierig, man braucht aber Geduld. Der Deckel wird zunächst mit Klebeband umrahmt, das etwa 2 - 3 mm überstehen muß (je nach Dicke der einzulegenden Teile). Auch die Seitenwände werden mit Klebeband gegen überlaufendes Harz geschützt. Mit beidseitig klebendem Teppichband befestigt man provisorisch rundherum Holzleisten als Stützen, damit die Oberfläche mit Folie abgedeckt werden kann.
Eine mit ca. 6% angerührte Harzmasse wird wie Kleber auf dem rohen Holz mit einem Pappstreifen verteilt und ein passend zurechtgeschnittenes Stück Stoff oder Papier aufgelegt. Luftblasen herausstreichen, härten lassen und eine zweite dünne Schicht auf den Stoff gießen, bis er gut bedeckt ist. Auf die gelierende Schicht die Teile legen. Nach der Härtung etwa 1 mm dick übergießen und mit einer gründlich gewachsten und polierten Glasplatte vorsichtig abdecken. Für kleine Kästen und Spandosen reicht auch Folie. Die Glasplatte nicht gewaltsam entfernen, sondern nach zwei Tagen Härtung erst auf die Heizung legen, dann an einen kühlen Platz, bis sie sich von allein ablöst.

Das Gießen von Platten

Das Gießen von großen Platten für Tische u. ä. ist nicht ganz einfach, denn sie werden nicht eben, sondern verwerfen sich leicht. Das liegt an der unterschiedlichen Spannung der einzelnen Schichten.

Eine freitragende Platte macht man am besten so:

Ein Formrahmen wird auf einer glatten Unterlage befestigt. (Dazu siehe Kapitel: Selbstgebaute Formen.) In mehreren, möglichst dünnen Schichten werden die Objekte eingegossen.

Es soll sich möglichst wenig Wärme bilden. Die letzte Schicht wird mit Folie abgedeckt. Die Platte läßt man gut durchhärten und löst sie aus dem Rahmen. Je dicker die Platte ist, desto stärker sind die Ecken hochgewölbt. Die Spannung muß daher ausgeglichen werden. Man dreht die Platte, umklebt die Ränder mit Umleimer oder Klebefolie und gießt eine Schicht auf. Bei starken Verwerfungen muß eine zweite Schicht von der Rückseite her aufgegossen werden. Man kann die Rückseite natürlich ebenfalls mit Folie abdecken, falls man sich Schleifarbeiten sparen möchte. Durch den Zug der rückseitigen Schichten wird die Spannung ausgeglichen und die Platte wird eben. Zur Vermeidung von nachträglichen Spannungen kann noch zusätzlich getempert werden. (Siehe Kapitel: Tempern.)

Auf diesem Beistelltisch ist allerhand Interessantes zu sehen. Meerestiere, Pflanzen, Schmetterlinge und Käfer verlocken dazu, sie einmal ganz genau zu betrachten.
So wird er gemacht: Auf eine Tischlerplatte (13 mm, 66 x 40 cm groß) werden Leisten (1 x 2 cm) hochkant aufgeleimt, so daß 15 gleichgroße, vertiefte Quadrate entstehen. Zunächst die Quadrate innen und an den Begrenzungsleisten mit Einlaßgrundierung aus Gießharz und Gießharz-Reinigung einstreichen (dazu siehe Kapitel: Gießen auf Holz). Innerhalb von fünf Stunden die erste Harzschicht eingießen. Sie ist weißgefärbt und kann dünn sein, weil sie nur als Hintergrundfarbe dienen soll. Abbinden lassen und eine dünne farblose Harzschicht aufgießen (etwa 3 mm) und wieder aushärten lassen. Darauf legt man die Objekte. Sie wirken plastischer, wenn sie nicht direkt auf die gefärbte Grundschicht aufgelegt werden, sondern eine farblose Schicht dazwischengeschaltet wird. Die Objekte etwa zur Hälfte eingießen, nach dem Abbinden die letzte Schicht so hoch aufgießen, daß auch die Holzleisten ganz dünn mit Harz bedeckt sind. Eine gut mit Trennwachs polierte Glasplatte luftblasenfrei auflegen.

Das kann man einbetten

Grundsätzlich läßt sich alles einbetten, was trocken, fettfrei und sauber ist. Wenn die Objekte feucht sind, beginnen sie zu schimmeln. Außerdem fängt die Feuchtigkeit beim Erwärmen des Harzes an zu kochen und führt zu Rißbildungen und anderen Fehlern.

Pflanzen

Jede gepreßte, trockene Pflanze läßt sich gut einbetten. Nur zarte weiße Blüten werden manchmal fast durchsichtig. Moose und Gräser sehen eingegossen sehr dekorativ aus. Gepreßte, bunt verfärbte Herbstblätter verändern sich durch das Einbetten nicht. Auch Schilfgras läßt sich gut einbetten und ist auch im Winter zu haben.

Blumen, die ganz schnell gepreßt werden sollen, legt man zwischen Löschpapier und bügelt sie trocken.

Beachten sollte man bei gepreßten Blüten, daß das im Harz gelöste Styrol bleichend wirkt. Es empfiehlt sich daher, bei leuchtenden Blütenfarben, insbesondere bei Rot und Blattgrün, die Teile erst aufzulegen, wenn die Reaktionswärme der ersten Schicht abgeklungen ist. Die nächste Schicht sollte man dünn und mit wenig Härter aufgießen. Anschließend darübergegossene Schichten verändern die Farben nicht mehr.

Sehr gut eignen sich Trockenblumen, die auch im getrockneten Zustand die Farben behalten, wie beispielsweise Strohblumen. Im Blumenladen bekommt man auch ausländische getrocknete Blumen, die sich sehr gut zum Einbetten eignen: Silberdisteln, Artischocken und tropische Gräser.

Auch im Wald findet man geeignete Objekte: Tannen- und Kiefernzapfen, Bucheckern und Federn.

Präparieren von frischen Pflanzen und Blüten

Wenn man frische Blumen einbetten möchte, was natürlich am schönsten ist, geht es um zwei Probleme: die Feuchtigkeit aus der Pflanze zu ziehen und die empfindlichen Blütenfarbstoffe zu erhalten. Dafür gibt es zwei Methoden:
Wasserentzug mit Hilfe von Blaugel
Konservierung mit Butylalkohol

Wasserentzug mit Hilfe von Blaugel

Einfach und ungefährlich ist das Trocknen von Blüten und Blättern in sogenanntem Blau- oder Silicagel, im Bastelladen unter den Namen „Floratol" oder „Präpariersalz" zu haben. Das sind salzähnliche, blaue Körnchen, die sehr wasseranziehend sind, sich dabei rosa färben und dadurch anzeigen, wann sie verbraucht sind.

In ein gut schließendes Gefäß (Marmeladenglas, Blechdose oder Plastikkästchen) füllt man 1-2 cm Trocknungssalz ein, steckt die Blüte mit einem Stück Stengel oder auch Blatt so ein, daß die Blütenblätter aufliegen. Nun füllt man vorsichtig Salz mit einem Löffel so darüber, daß die Blüte in natürlicher Stellung verbleibt, vollständig in Salz

Frische Blumen, in Butylalkohol oder Trockenpulver präpariert, sehen aus wie frisch gepflückt, Schmetterlinge erscheinen meist durchsichtig, weil im Gießharz die Lichtbrechung anders ist.

eingehüllt ist und je nach Wassergehalt noch eine Deckschicht von 1-2 cm hat. Gefäß gut verschließen und 2-6 Tage je nach Dicke und Feuchtigkeit der Pflanze stehenlassen.

Beim Herausnehmen muß äußerst vorsichtig vorgegangen werden, denn die Blüte ist jetzt sehr steif und spröde. Das Salz vorsichtig abgießen, die Blüte am Stengel mit einer Pinzette herausholen und haftende Körnchen durch vorsichtiges Pusten oder Abtupfen mit einem feuchten Haarpinsel entfernen.

Die Blüte kann sofort eingebettet werden, eventuell kann man sie mit Präparierspray vorsichtig einsprühen. Soll sie noch aufbewahrt werden, legt man sie in ein Gefäß, daß etwa 1 cm dick mit Trocknungssalz bedeckt ist. So kann man sie etliche Jahre unverändert aufbewahren. Das Blaugel läßt sich regenerieren, wenn sein Wasseraufnahmevermögen erschöpft ist (erkennbar an der rosa Färbung). Man streut es auf ein mit Alufolie ausgelegtes Backblech und trocknet es bei etwa 120 Grad im Backofen, bis es sich wieder blau gefärbt hat.

Konservierung mit Butylalkohol

Sehr dünne, empfindliche Blüten lassen sich in Blaugel nicht so gut trocknen; sie knittern und verlieren auch manchmal ihre Farbe. In so einem Fall bietet sich das Entwässern durch Einlegen in eine alkoholische Flüssigkeit an. Durch Zusatz verschiedener Chemikalien werden die Blütenfarbstoffe dabei weitgehend stabilisiert. Im Bastelladen bekommt man eine bereits fertig angemischte Präparierflüssigkeit unter dem Namen „hts-Präparierliquid" zu kaufen.

Für Selbstanmischer werden im folgenden zwei Rezepte genannt.

Da der Hauptbestandteil aus tertiärem Butylalkohol besteht, dessen Dämpfe man nicht längere Zeit einatmen sollte und der zudem nicht billig ist, sei darauf hingewiesen, daß dieses Verfahren hauptsächlich für Erwachsene in Frage kommt.

Dies bislang perfekteste Verfahren wurde von Randolph C. Specht entwickelt. Für denjenigen, der sich stärker in dies Gebiet einarbeiten möchte, seien hier zwei Literaturhinweise angegeben:
Randolph C. Specht „Preservation of the Color and Shape of Flowers", Florida Engineering and Industrial Experiment Station, Gainesville, University of Florida, 1950;

Stehli/Brünner, „Pflanzensammeln – aber richtig", Franckh'sche Verlagshandlung, Stuttgart 1981.

Für denjenigen, der ab und zu eine Blüte einbetten möchte, sind hier zwei Rezepturen angegeben, die in den meisten Fällen Erfolg haben.

Für gelbe, weiße, rosa und orangefarbene Blütenfarben setzt man eine Lösung an aus:

500 ml tertiärem Butylalkohol
30 ml normalem Butylalkohol
5 g Thioharnstoff
10 g Zitronensäure

Blaue, lila, kräftig rote Blütenfarben und das meiste Blattgrün ergeben bessere Farberhaltung in folgender Lösung:

500 ml tertiärem Butylalkohol
30 ml normalem Butylalkohol
5 g Thioharnstoff
10 g Natriumzitrat

Die Zutaten bekommt man in der Apotheke bzw. in Geschäften für Laborbedarf. Man mischt sie gründlich in einer Flasche, läßt sie einen Tag stehen und schüttelt ab und zu.
In ein gut schließendes Glas gießt man soviel von der Lösung ein, daß die Blüte schwimmen kann. (Bitte dabei lüften und die Lösung nicht mit der Haut in Berührung bringen.) Zu beachten ist, daß immer ein Stück Stengel an der Blüte bleibt, an dem man sie herausnehmen kann. Je nach Wassergehalt dauert die Dehydrierung etwa 6-24 Stunden. Danach mit einer Pinzette vorsichtig entnehmen, auf Küchenpapier abtropfen und eine halbe Stunde nachtrocknen lassen. Dann kann eingebettet werden. Auch die so getrockneten Blüten lassen sich auf Blaugel (wie im letzten Kapitel beschrieben) jahrelang aufbewahren. Das weiße Stiefmütterchen in dem kleinen Kerzenhalter hat über 10 Jahre auf Blaugel gelegen, bevor es eingegossen wurde!
Natürlich gehört Erfahrung und Experimentierfreudigkeit dazu, optimale Ergebnisse zu erreichen. Für Anfänger

sind jedoch Stiefmütterchen, Primeln, kleine Rosen, Margeriten und Dahlien geeignet.
Beim Einbetten ist besonders darauf zu achten, daß keine übermäßige Hitze entsteht. Lieber im Wasserbad kühlen, wenn zuviel Wärme auftritt. Wenig Härter zugeben (jedoch nicht unter 0,5%) um die Bleichwirkung des Styrols zu vermindern, und dünne Schichten gießen. Ein Trick ist auch, die Blüte zunächst dünn mit Gießharz zu übergießen, auf Folienunterlage härten zu lassen und dann erst einzubetten.

Tiere

Einfache, aber dekorative Einbettungsobjekte sind Muscheln und Schneckengehäuse. Hübsche verzweigte Korallenstückchen, Gehäuse von Seeigeln und Taschenkrebsen eignen sich ebenfalls. Getrocknete Seepferdchen, Steinpicker, kleine Schollen, Seesterne und vieles andere kann man billig kaufen. Einige dieser Meerestiere wurden in der Tischplatte verarbeitet – abgebildet auf der Farbtafel S. 31. Schmetterlinge gibt es schon lange zu kaufen. Allerdings sind die fleischigen Körper, die schwierig zu präparieren und zu lagern sind, durch Papierkörper ersetzt.
Alle diese Tiere sind einfach einzubetten und für Experimente mit Gießharz sehr zu empfehlen.

Der folgende Abschnitt ist vor allen Dingen für ernsthafte Sammler und Lehrer gedacht, die Tiere zu Anschauungszwecken einbetten wollen.
Der Laie sollte dabei bedenken, daß es nicht der Sinn der Sache sein kann, wahllos und ohne System Tiere zum Einbetten zu töten, sondern sollte sich vielmehr mit der einschlägigen Literatur befassen und sich zum fachlich versierten Sammler heranbilden.

Kleine **Fische** lassen sich gut einbetten. Allerdings verschwinden bei vielen Exemplaren die Farben schon beim Abtöten. Die Fische werden durch leichten Druck auf beide Kiemen getötet – bei mangelnder Übung sollte dies lieber ein Fachmann machen. Das Tier in 96%igen Isopropylalkohol legen. Etwa drei bis fünf Stunden darin belassen, je nach Größe; herausnehmen und nicht länger als etwa 5 Stunden trocknen lassen. Zum Einbetten langsam abbindendes Gießharz verwenden. Während der Gelierung im Wasserbad kühlen. Der im Fisch enthaltene Alkohol sorgt für die Konservierung.

Größere Tiere eignen sich meistens nicht gut für Einbettungen. Durch Verkleben von Haar- und Federkleid durch das Polyesterharz kommt kein charakteristischer Eindruck zustande. Außerdem gibt es dafür bessere Präpariermöglichkeiten.

Dagegen sind die **Skelette** problemlos einzubetten und bilden hervorragendes und unverwüstliches Lehrmaterial besonders für Schulen.

In Gießharz eingebettete **Käfer** sind ebenfalls sinnvolles Anschauungsmaterial. Sie sind haltbar, können nicht zerbrechen oder von Schädlingen zerstört werden. Über das fachlich richtige Sammeln der verschiedenen Käfer gibt es ausführliche Literatur. Daher seien hier nur einige Tips für Anfänger gegeben, die besonders für Einbettungen gelten.

Käfer tötet man schnell und schmerzlos in einem kleinen Glas (größeres Tablettenröhrchen), in das ein Stück Zellstoff gelegt wird, der mit Essigäther getränkt ist. Es darf eben feucht, aber nicht naß

sein, damit empfindliche und feine Teile des Insekts nicht verkleben. Nach etwa einer halben Stunde den Käfer herausnehmen und richten. Die Beine werden mit kleinen Hölzchen und Stecknadeln auf einer weichen Unterlage (weiche Pappe) gerichtet, d.h. in Laufstellung gebracht, Fühler und Taster übersichtlich und natürlich gelegt.
Normalerweise werden die Käfer zum Richten genadelt, d.h. auf eine Insektennadel gespießt. Zum Einbetten ist das nicht zu empfehlen, weil ein unbeschädiger Käfer in Polyesterharz natürlich schöner und perfekter ist.
Der Käfer soll etwa einen Tag an einem warmen, trockenen Ort liegen, bevor er eingebettet wird. Sehr große Exemplare brauchen längere Trockenzeiten. Bei großen Käfern ist es auch ratsam, den Chitinpanzer mit einem alkoholgetränkten Wattebausch abzureiben, damit Fettrückstände beseitigt werden, die zu Ablösungen des Harzes führen können. Trotz sorgfältiger Behandlung kommt es bei einigen Käfern manchmal zum Ablösen des Harzes vom Chitinpanzer. Durch die umgebende Luftschicht erscheint das Insekt jetzt wie von einem silbrigen Schimmer umgeben. Das kann recht reizvoll sein, ist aber nicht immer erwünscht. Die Ursache liegt in der relativ schlechten Haftung des Harzes an glatten Materialien, aber auch an zu schneller, heißer Aushärtung. Durch verstärkte Spannung und Schrumpfung löst sich das Harz oft noch nach Tagen ab. Vermeiden läßt sich dies durch dünne Schichten, langsame Aushärtung und eventuelle Kühlung bei der Gelierung des Harzes. Außerdem gibt es im Bastelladen ein spezielles Präparierspray, mit dem man das Ablösen weitgehend verhindern kann und auch bestimmte Farben bei Schmetterlingen erhalten kann.

Käfer und andere Insektenarten bettet man immer in wenigstens drei Schichten ein, um Luftblasen zu vermeiden. (Dazu siehe Kapitel: Einbetten von luftgefüllten Objekten.)

In Alkohol konservierte Insekten müssen ein paar Stunden getrocknet werden, bevor sie eingegossen werden können.

Schmetterlinge werden wie Käfer getötet und gerichtet. Sie können dazu genadelt werden, weil die Einstichstelle praktisch nicht zu sehen ist. Schmetterlinge werden auf dem Spannbrett gerichtet, doch für Einbettungen richtet man sie möglichst nicht flach aus, weil sie dann unplastisch und leblos wirken. Die Flügel sollten vielmehr durch Unterlegen von Hölzchen leicht aufgestellt werden, um einen lebendigen Eindruck wiederzugeben. Nach Eintreten der Starre können sie eingebettet werden. Dabei verfährt man am besten so: eine Grundschicht aufgießen und gelieren lassen. Wenn die oberste Schicht noch fast flüssig ist, den Körper auflegen. Durch das Erstarren der obersten Schicht ist jetzt der Körper fest, die Flügel sind leicht nach oben gerichtet und beim nachfolgenden Aufgießen der Schichten kann das Objekt sich nicht mehr verschieben. Es versteht sich von selbst, daß man beim Auffüllen nicht direkt auf die empfindlichen Teile gießt, sondern sorgfältig drumherum, damit man nichts beschädigt.
Nicht alle Schmetterlinge eignen sich zum Eingießen. Bei vielen Exemplaren verschwindet der irisierende Glanz auf den Flügeln. Grundsätzlich verschwinden alle Farben beim Eingießen, die auf Lichtreflektion beruhen, weil das Harz eine andere Lichtbrechung hat als Luft. Dies gilt besonders für alle blauen

Auch für einen Anfänger ist dieser „Glücksbringer“ mit gepreßten Kleeblättern leicht zu gießen. Als Form verwendet man eine große Keksausstechform, die auf eine Glasplatte geklebt wird (siehe Kapitel: Selbstgebaute Formen).

Schattierungen, während gelbe, braune, schwarze und orangerote bis dunkelrote Töne gut herauskommen. Nicht vermeiden kann man jedoch, daß fast alle Schmetterlinge in Polyesterharz leicht durchsichtig erscheinen. Dies ist allerdings eine sehr reizvolle Erscheinung, die das Zarte und Zerbrechliche dieser Insektenart noch betont.

Bereits starre Insekten lassen sich wieder erweichen. Dazu füllt man ein Glas (Weckglas o. ä.) mit feinem, gewaschenem Seesand (auch in der Tierhandlung erhältlich) und feuchtet ihn an. Zur Verhinderung von Schimmelbildung fügt man einige Kristalle Thymiol (Apotheke) hinzu. Darauf wird eine dünne Schicht Zellstoff gelegt und die Insekten einige Tage aufgelegt, bis sie weich sind. Sie können dann gerichtet werden und müssen wieder trocknen.

Verschiedene Sachen

Schwarzweiße und farbige **Fotos** lassen sich ohne Schwierigkeiten einbetten. Sie sehen dadurch sehr brillant und plastisch aus. Blöcke mit eingebetteten Fotos von den Kindern eignen sich als hübsche Briefbeschwerer für Vaters Schreibtisch. Für Umrahmungen sind in den Abbildungen einige Anregungen gegeben.

Besonders gut gelungene Scherenschnitte, Faltsterne oder Seidenpapiertransparente lassen sich eingießen und zu den vielfältigsten Dingen verarbeiten. Sie können unbesorgt auch im Freien angebracht werden und sind doch unverwüstlich.

Papiere reagieren allerdings sehr unterschiedlich, so daß eine Probe zu empfehlen ist. Dazu streicht man mit einem Spatel ein wenig angerührtes Harz auf ein Stück Hostaphan-Folie, legt die Papierprobe auf und streicht etwas Harz darüber, bis das Papier getränkt ist. Genauso verfährt man bei Stoffen. Gewöhnliches weißes Schreibmaschinenpapier und dünnes Zeichenpapier wird in der Regel leicht durchsichtig. Ton- und Geschenkpapiere werden im Farbton satter und bleiben meist undurchsichtig. Briefmarken verhalten sich je nach Farbtönen und Papier unterschiedlich. Ein Test ist also vorher angebracht.

Helle **Stoffe und Spitzen** erscheinen in Gießharz halbtransparent, dunkle Stoffe bleiben meist unverändert.

Beschriftungen lassen sich natürlich auch in Polyester verewigen. Leider sind Anreibebuchstaben oder Geschriebenes mit Folienschreibern nicht geeignet. Sie „bluten“ aus. Es eignet sich schwarze Tusche (Skribtol). Mit der Beschriftung muß man aber warten, bis die Oberfläche ziemlich klebfrei ausgehärtet ist. Oder man gießt eine 1 mm dünne Schicht mit viel Härterzugabe (ca. 4%) auf, die recht hart und klebfrei wird. Mit Bauernmal- oder Bastelfarben auf Dispersionsbasis kann man mit dünnen Pinseln auch auf klebrigen Oberflächen gut schreiben.

Plakate oder Kunstdrucke lassen sich mit Polyesterharz „verglasen“. Oft durchdringt das Harz das Papier derart, daß der Druck transparent wird und dadurch erheblich an Leuchtkraft gewinnt.

Für einen Briefmarkensammler wäre z. B. eine Tischplatte oder Bücherstütze mit eingebetteten Briefmarken ein originelles Geschenk.

Einige Anregungen zum Eingießen: Münzen, Schrauben, Zahnrädchen, Kristallglassteine, Mosaike, Glasperlen, Schlüssel, Sanduhren, Goldfolie, Kompaß, Stoffe, Zeichnungen und anderes.

Ein Türschild mit gepreßten Blüten; der Schriftzug ist aus dünner Kupferfolie geschnitten, die letzte Schicht wurde blaugrau eingefärbt.

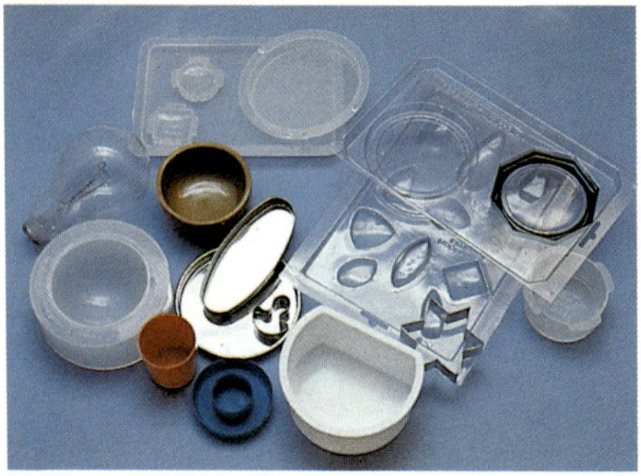

Verschiedene Gießformen und ihre Vorbehandlung

Es eignen sich fast alle Materialien zum Herstellen einer Gießform. Sie müssen nur dicht sein und möglichst glatte Wandungen haben. Am häufigsten werden Plastik, Glas, Metall und Holz verwendet. Bei der Auswahl und Vorbereitung der Form soll man bedenken, daß man um so weniger Schleifarbeiten hat, je glatter, geschlossener und genauer die Form ist. Einige Formen aus Metall, Holz und Glas müssen vorbehandelt werden, damit sich das Harz leicht ablöst.

Fertige Formen

Im Bastelladen bekommt man viele Formen zum Eingießen, einfache Grundformen wie Zylinder, Halbkugel, Quader, aber auch Formen für Anhänger und Untersetzer. Am besten eignen sich Spritzgußformen aus milchigweißem Polypropylen. Sie lassen sich oft verwenden und verursachen kaum Nacharbeiten. Aber es gibt auch viele Dinge im Haushalt, die man als Gießform verwenden kann. Gut geeignet sind Tiefkühldosen, Schüsseln, Eiswürfelbehälter usw. aus Polyäthylen (Hostalen, Lupolen). Sie haben meistens ein milchig-weißes Aussehen und sind biegsam. Die Oberfläche ist wachsartig, deshalb läßt sich das Harz sehr gut ablösen. Man soll aber darauf achten, daß die Innenseite möglichst glänzend ist. Dann wird auch der Gießharzblock glänzend und man erspart sich mühselige Polierarbeit.

Diese Formen eignen sich ohne jede Vorbehandlung zum Eingießen.

Außer Polyäthylen eignen sich auch Formen aus Polypropylen (PP) und PVC-hart. Allerdings sind die einzelnen Kunststoffarten für den Laien schwer zu unterscheiden.

Achtung: Formen aus Polystyrol eignen sich nicht zum Eingießen. Polystyrol ist das meist glasklare, aber auch eingefärbte spröde und leicht verkratzbare Plastikmaterial, in dem viele Kleinteile heute verpackt sind. Es wird vom Gießharz angegriffen und aufgelöst. Wenn man sich nicht darüber im klaren ist, um welche Art Plastik es sich handelt, kann man eine Probe machen: einen Tropfen Harz auf die Form geben und nach 10 Minuten abwischen. Wenn die Form an dieser Stelle sehr klebrig, trübe und rauh erscheint, kann sie nicht verwendet werden.

Glas ist als Formmaterial ebenfalls gut zu gebrauchen. Damit sich das Harz nach dem Aushärten gut ablösen läßt, muß die Form jedoch mit **Trennwachs** präpariert werden.

Trennwachs ist meist flüssig, aber es gibt auch feste Trennwachse. Mit einem Lappen reibt man die Form gut ein, läßt das Wachs einige Minuten trocknen und poliert dann gut nach. Selbst bei kräftigem Polieren bleibt noch eine hauchdünne Schicht auf dem Glas bestehen, die für das leichte Ablösen des Harzes sorgt.

Für den etwa 18 x 18 cm großen Gießharzblock wurden Hortensienblüten in verschiedenen Farbabstufungen gepreßt und zu einem Blütenbaum zusammengestellt.

Statt speziellem Trennwachs kann man auch normales Hartglanzwachs verwenden, wie es im Haushalt gebraucht wird.
Das Trennmittel, oder auch Trennlack genannt, ist eine wasserlösliche Flüssigkeit. Es wird besonders bei schwierigen porösen Formen, z. B. aus Gips, angewandt und über das Wachs gestrichen, eventuell mehrmals. Man trägt das Trennmittel mit einem Läppchen oder einem feinen Lackierpinsel auf und läßt es gut trocknen, bevor man das Harz in die Form gießt.

Becher, Flaschen, Kugelvasen, Tablettengläschen und besonders Petrischalen sind hübsche Gießformen. Petrischalen sind runde, flache Schalen, die es in verschiedenen Größen im Sanitätsgeschäft gibt. Man kann damit gut Untersetzer herstellen oder Fotos eingießen. Flaschen lassen sich schlecht von innen wachsen. Sie werden stattdessen zweimal mit Trennmittel ausgeschwenkt. Zum Entformen müssen sie natürlich, genau wie Kugelvasen, zerschlagen werden oder besser: in den Eisschrank gelegt werden. Das Harz

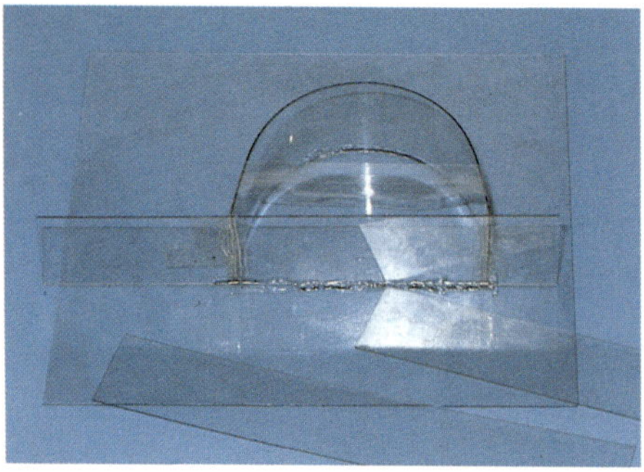

Variabler Formensatz

Auf eine Glasplatte geklebte Formen

zieht sich dann durch die Kälte zusammen und springt sauber vom Glas ab. (Dazu siehe Kapitel: Schwierige Entformung.)

Beim Zerschlagen der Form mit dem Hammer verletzt man nämlich auch oft den Harzblock.

Glasformen, die sowieso zum Entformen zerstört werden müssen, brauchen überhaupt nicht gewachst oder gelackt zu werden, wenn man sie durch Temperaturunterschiede vom Gießharz trennt. Ausgediente Glühbirnen sind billige und hübsche Gießformen für halbkugelförmige Gießlinge, wenn man den oberen Teil vorsichtig entfernt hat.

Auch Metallformen, wie leere Cremedosen, Deckel von Kaffee- oder Keksdosen sind ebenfalls als Gießformen geeignet. Sie müssen wie Glas gewachst werden.

Große Platten für Tische oder ähnliches lassen sich gut auf Aluminiumplatten gießen, die mit Leisten oder Klebestreifen umrandet werden.

Selbstgebaute Formen

Eine beliebig verstellbare Form läßt sich ganz leicht selbst machen und immer wieder gebrauchen: Man braucht dazu eine nicht zu dünne Glasscheibe, etwa 30 x 30 cm groß. Außerdem vier Holzleisten, 60 x 15 mm, die in einer Länge von 20 cm sauber rechtwinklig gesägt und glattgeschliffen sein müssen.

Die Leisten werden sorgfältig gewachst und mit Trennmittel eingerieben. Jetzt kann man sie zu jeder beliebigen Größe auf der Glasplatte befestigen, wie es die nebenstehenden Zeichnungen veranschaulichen.

Auch Resopal als Unterlage und mit Resopal beklebte Randleisten eignen sich vorzüglich als Formenmaterial. Resopal braucht nur dünn mit Trennwachs eingerieben zu werden.

Die Leisten können auch mit Hostaphan-Folie beklebt werden. Allerdings hat das den Nachteil, daß sich das Harz sehr leicht von den Leisten löst und daher beim Schrumpfen der ersten Schichten leicht eine Lücke zwischen Harz und Leistenrand entsteht und das nachfolgende Aufgießen schwierig wird. (Siehe dazu Kapitel: Die Schrumpfung.)

Einen variablen Formensatz aus biegsamem Plastikmaterial, bestehend aus Grundplatte und 4 Streifen, kann man im Bastelladen kaufen.

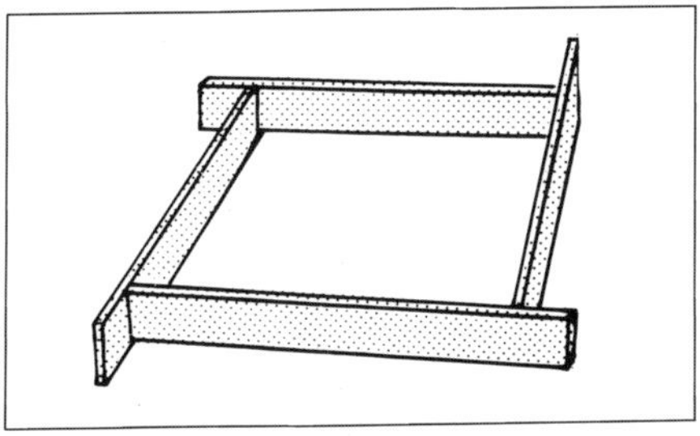

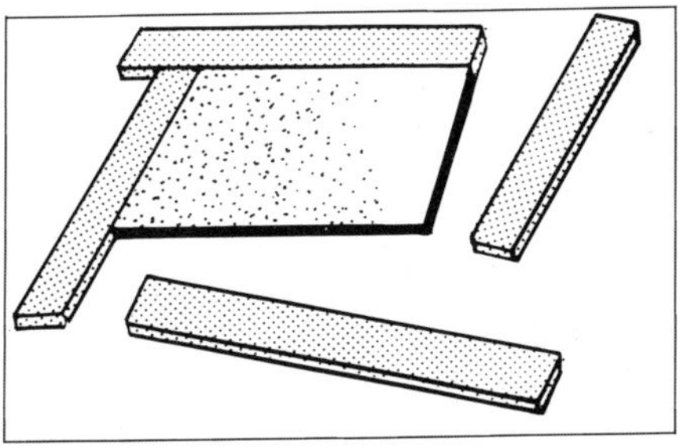

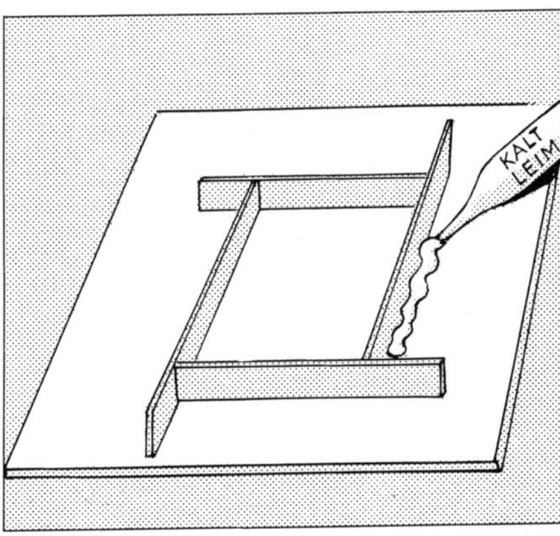

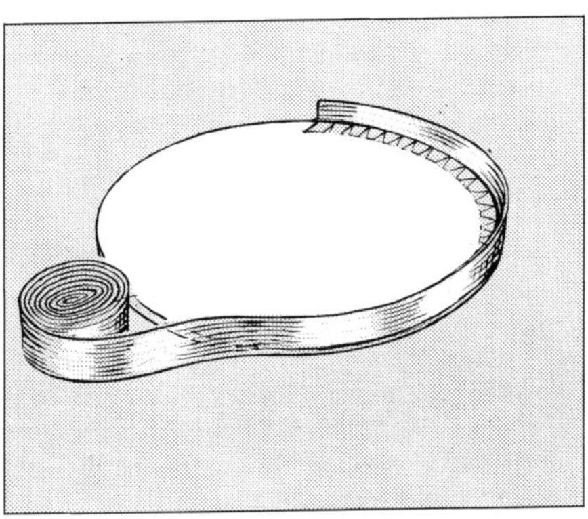

Mit Kaltleim oder UHU extra werden die Leisten zum Rahmen zusammen und auf die Platte geklebt. Der Rahmen läßt sich jederzeit wieder lösen, weil die Leisten gewachst sind. Falls es doch einmal schwierig sein sollte, läßt man heißes Wasser über die Klebestellen laufen, damit sie sich lösen. Die Glasplatte muß natürlich ebenfalls gewachst sein.

Um mit Sicherheit zu verhindern, daß das Harz beim Eingießen in die Form durch eventuelle Scharten unter den Leisten hindurchdringt, hat sich folgender Trick bewährt:

Nach dem Aufkleben des Rahmens legt man dicht an der Außenkante der Leisten einen kleinen „Wall" aus UHU extra an. Sobald er angetrocknet ist, kann die erste Harzschicht eingegossen werden. Vor jedem Gebrauch werden die Leisten erneut mit Trennwachs behandelt.

Formen für große runde Gegenstände (z. B. ein Tablett) macht man aus runden Glas- oder Metallscheiben, die mit Klebestreifen (Tesakrepp) umklebt werden. Die eine Hälfte des Streifens wird untergeklebt, die andere steht als Rahmen hoch.

Wenn man die Oberfläche mit Folie abdecken will, muß der Rand aus steifem Material hergestellt werden. Dazu eignen sich Umleimer aus Kunststoff oder Furnierstreifen, die mehrmals herumgerührt und zusammengeleimt werden.

Ungewöhnliche Formen, z. B. Buchstaben, Zahlen usw. lassen sich leicht aus Aluminiumstreifen biegen, die man im Bastelladen bekommt (aus Zubehör für Schmelzgranulat). Man klebt sie auf eine Glasplatte auf.

Auch Ausstechformen für Kekse eignen sich als originelle Gießformen, besonders für Schmuck.

Der Schmetterling wurde in ein Nachtlicht eingebettet, das in der Nacht mit ganz schwach schimmerndem Licht den Weg zur Tür zeigt. Besonders für Kinder ein hübsches Geschenk. Es wird gegossen in einer Halbkugel, in die ein fertig gekaufter Nachtlichtstecker einfach in die letzte Schicht mit eingegossen wird, wie auf dem Foto zu sehen ist. Vom Stecker wird lediglich die obere Kappe, die das Lämpchen verdeckt, entfernt. In das Seitenteil wird ein Loch gebohrt, das eventuell entstandene Wärme ableitet. Die oberste Schicht kann man leicht transparent einfärben, damit man die Steckerteile von vorn nicht sieht. Natürlich lassen sich auch andere Formen benutzen, aber durch die Lupenwirkung der Halbkugel wird das Licht sanft verteilt und der Schmetterling schön beleuchtet.

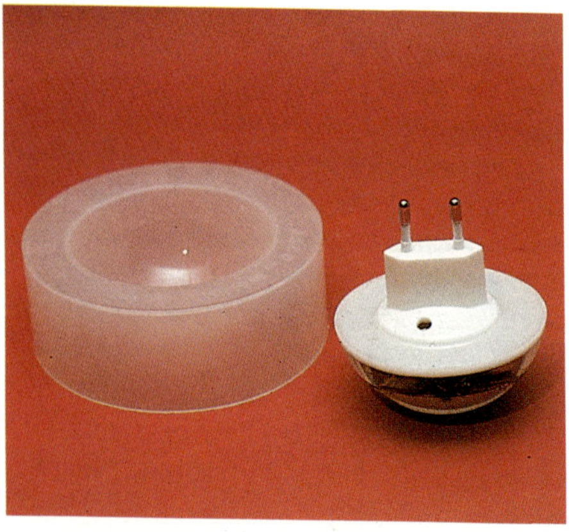

Große Buchstützen sind sehr dekorativ, verschlingen aber viel Material. Sie lassen sich in Tiefkühlbehältern gießen, die es in mehreren Größen gibt. Der Block mit dem Hirschkäfer hatte Fehler; die Ecken wurden mit der Kappsäge abgesägt, so daß die asymmetrische Form entstand. ▶

Besonders schön wirken Kugeln, gegossen in billigen, ganz dünnen Glaskugelvasen oder alten Glühbirnen. Die Objekte erscheinen vergrößert und Schichtlinien sind kaum zu sehen. Raffinierte Effekte lassen sich durch verschiedene Schräglagen der Schichten erzielen. ▶

Eingebettete Liebhaberobjekte wie Schiffs- oder Automodelle machen den Sammlern dieser Dinge Freude. Aber Vorsicht: viele Modelle sind aus Polystyrol und lösen sich in Polyester auf. Daher vor dem Einbetten an einer unauffälligen Stelle eine Tropfenprobe machen.

Einige Experimente mit Gießharz

Risse

Künstlich erzeugte Risse können in dicken Gießharzblöcken überaus reizvoll aussehen, besonders, wenn sie mit einer kontrastierenden Farbe ausgegossen werden. Man muß eine mindestens 3 cm starke Gießharzschicht aufgießen, die mit etwa 4% Härter vermischt ist. Durch die Polymerisationswärme entstehen die Spannungen im Gießharz, wenn diese nicht abgeleitet wird. (Dazu siehe Kapitel: Vorgänge bei der Polymerisation und Schichtstärke.) Je dicker die Schichtstärke und je höher der Beschleunigeranteil im Harz ist, je höher die Harzzugabe und die Raumtemperatur, desto kräftiger fallen die Risse aus.

Nach dem Aushärten gießt man von oben vorsichtig gefärbtes Gießharz in die Risse. Dadurch sieht der Block sehr plastisch aus. Zusätzlich läßt sich die Wirkung durch eingegossene Glasbrokken, Perlen oder einfache Fensterglassplitter steigern. Das Licht bricht sich vielfältig in solchen Gießharzblöcken. Sehr hübsch sehen Kerzenhalter oder Lampenfüße in dieser Technik aus.

Gießen auf Polyäthylenfolie

Eine ganz eigenartige Wirkung erzielt man durch Gießen auf dünner Polyäthylenfolie. Auf eine Holzplatte wird ein Stück Folie gelegt und mit Reißzwecken befestigt. Den Begrenzungsrahmen mit Leim aufkleben. Eine Gießharzschicht aufgießen, die mindestens einen halben Zentimeter stark ist. Die Folie wird durch das Harz etwas angelöst und durch die Reaktionswärme ausgedehnt. Sie schlägt Wellen, die sich im Gießharz abdrücken. Das Harzstück bekommt dadurch eine reliefartige, außerordentlich plastische Oberfläche. Diese Technik ist besonders für Lampen und Windlichter geeignet, weil sich das Licht vielfältig in den Vertiefungen der Platten bricht; zusätzlich können diese Vertiefungen noch mit transparent eingefärbtem Harz ausgegossen werden.

Ein glasklarer Gießharzblock mit Rissen, die hinterher blau ausgegossen wurden.

So vielfältig bricht sich das Licht in dieser Platte, die auf Polyäthylen gegossen wurde. Als besonderer Dekorationseffekt lassen sich diese Vertiefungen mit transparent eingefärbtem Harz ausfüllen.

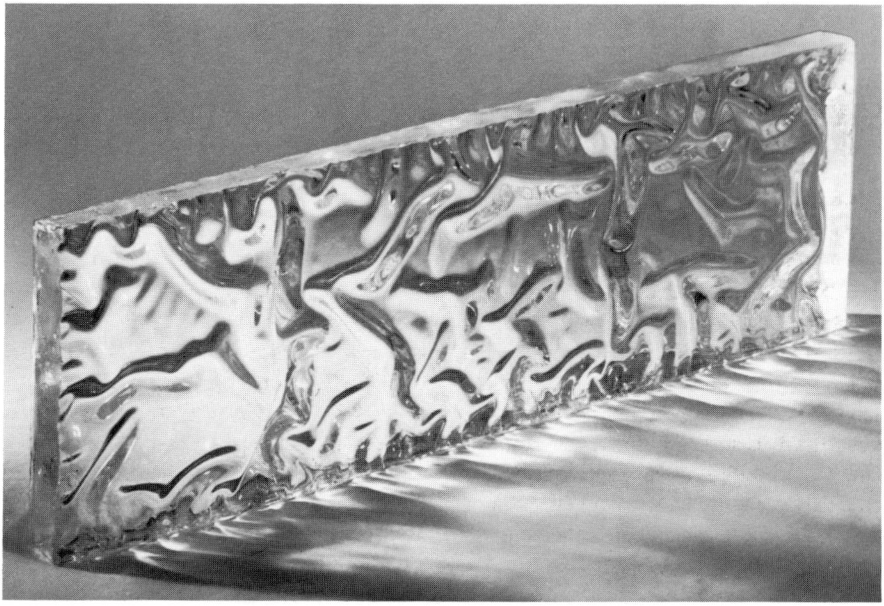

Mechanische Bearbeitungsmöglichkeiten

Bohren

Gießharzblöcke und Platten lassen sich mit Holz und Metallbohrern anbohren. Beim Durchbohren legt man ein Stück Holz oder Pappe unter das Austrittsloch, damit das Harz nicht ausbricht. Nicht zu großen Druck beim Bohren anwenden, damit das Harz nicht zu stark erhitzt wird.
In glasfaserverstärkte Polyesterteile sollen die Löcher möglichst frühzeitig nach dem Aushärten gebohrt werden. Dann kann man Holzbohrer benutzen. In völlig durchgehärte Teile bohrt man mit hartmetallbestückten Bohrern.

Sägen

Platten bis zu einem Zentimeter Stärke lassen sich gut mit einer Laubsäge und Metallsägeblättern sägen. Es gibt auch spezielle Sägeblätter für Kunststoff: sie sind allseitig bestückt, und man kann damit Kurven besser sägen.
Mit der Stichsäge (feines Metallsägeblatt) kann man Kunstharz ebenfalls sehr sauber sägen, auch glasfaserverstärkte Teile.

Maschinelles Schleifen

Als Einsatz für Bohrmaschinen gibt es Planschleifteller, die man mit Naßschliffpapier bekleben kann. Man kann damit sehr schnell Blöcke an den Kanten beschleifen; aber auch zum Wegnehmen größerer Teile eignen sie sich.

Nützlich ist dazu ein kleiner Zusatztisch, mit dem man Gießlinge im rechten oder jedem beliebigen Winkel anschleifen kann (z. B. die Bodenflächen der abgebildeten Vasen). Während des Schleifens tropft man mit einer Tropfflasche ständig etwas Wasser auf den Gießling.

ISBN 3-7724-0689-0 · Best.-Nr. 589 · (ISBN 3-7724-0209-7, Erstauflage)

Auflage: 5. 4. 3. 2. 1. | Letzte Zahlen
Jahr: 1989 88 87 86 85 | maßgebend

Völlig neu überarbeitete Auflage

frech-verlag
GmbH + Co. Druck KG Stuttgart · Druck: Frech, Stuttgart-Weilimdorf

Zeichnungen: Bernhard Braig · Fotos: Stürmer/Zechlin